Quick BI

使用入门及业财应用实践

何业文　瓴羊智能科技有限公司　著

U0281337

电子工业出版社·
Publishing House of Electronics Industry
北京·BEIJING

内 容 简 介

本书用阿里云Quick BI做示例，帮助读者掌握如何使用数据可视化工具分析财务指标，理顺管理思路，找出关键结论。通过本书，读者将学会制作追踪资产周转率的仪表板，选择适合的图表展示现金的流入、流出，分析企业的利润构成与盈利能力，实现成本管理可视化，利用综合指标对销售业绩进行监控、告警等，并且学会如何基于Quick BI门户和电子表格搭建财务在线分析与协作工作台，以及进行大型企业业财分析体系的整体规划。

通过学习本书，初入职场的会计人员有望迅速在财务部门崭露头角，成长为可以为财务总监准备年终汇报材料的"斜杠青年"！本书配有案例源文件、PPT教案，以及案例制作过程视频。

若需要Quick BI的免费试用版，可在阿里云网站搜索"Quick BI"获得。

图书在版编目（CIP）数据

Quick BI 使用入门及业财应用实践 / 何业文，瓴羊
智能科技有限公司著. -- 北京 ：电子工业出版社，
2024. 8. -- ISBN 978-7-121-48661-6

Ⅰ. TP31

中国国家版本馆 CIP 数据核字第 2024US6251 号

责任编辑：石　倩
印　　刷：北京富诚彩色印刷有限公司
装　　订：北京富诚彩色印刷有限公司
出版发行：电子工业出版社
　　　　　北京市海淀区万寿路 173 信箱　　邮编：100036
开　　本：720×1000　　1/16　　印张：17　　字数：358.8 千字
版　　次：2024 年 8 月第 1 版
印　　次：2024 年 8 月第 1 次印刷
定　　价：119.00 元

凡所购买电子工业出版社图书有缺损问题，请向购买书店调换。若书店售缺，请与本社发行部联系，联系及邮购电话：（010）88254888，88258888。

质量投诉请发邮件至 zlts@phei.com.cn，盗版侵权举报请发邮件至 dbqq@phei.com.cn。

本书咨询联系方式：faq@phei.com.cn。

序　言

早期互联网行业流传着一个经典段子，"百度的工程师，阿里（阿里巴巴集团的简称）的运营小二，腾讯的产品经理"，这充分展现了几家互联网企业的独特优势。然而，当时鲜为人知的是，阿里巴巴企业的运营策略实际上是深深根植于数据之中的，甚至有不少运营人员亲自编写 SQL 语句进行高级数据分析，这种运营模式被称为数字化运营。后来，"大数据"概念的广泛流行，才让更多的企业和行业认识到了数据的巨大价值和效用。阿里巴巴的管理层早在数年前就已洞见业务背后的数据价值，淘宝、天猫和支付宝依赖数智决策，阿里大数据体系也从业务中获得滋养发展，"业务到哪、数据到哪""数据取之于业务、用之于业务""数据驱动商业智能"，这些都是阿里人熟知的数据谚语。而当时谁也不知道，若干年后，数据要素会被国家列为生产要素。

阿里巴巴在很早就洞察了数据的重要性，并随着业务的快速发展，在这一过程中遇到了许多挑战和"坑"。例如，在 2012 年左右，阿里巴巴的数据体系变得庞大而复杂，同一张底层的交易核心表竟然被 8 个部门各自存储了 1 遍。以当时的市场价格计算，1 张表的存储成本高达 1200 万元左右，那么 8 张表的成本就接近 1 亿元！

面对这样的局面，阿里巴巴数据中台团队不仅要满足业务快速发展的数据需求，发挥数据的最大价值，还要解决一系列数据管理问题，包括成本、安全和质量等方面。他们在这条"大数据之路"上不断探索，最终实现了"大数据大创新"的目标，使得"双 11"大屏的展示更加精彩，商家、运营人员和管理层的决策更加统一，搜索功能也能实现千人千面的个性化体验。这个团队就是 2022 年 6 月正式成立的瓴羊智能科技有限公司（以下简称瓴羊公司）。

从阿里巴巴 10 年实战经验，到百家企业 5 年商业化服务，瓴羊公司将大数据路上宝贵的关于"坑"的思考，提炼为"Not SaaS But DaaS"（数据智能即服务）理念——数字化转型不是 SaaS 软件聚焦单点提效，而是联动企业**商业流、数据流和工作流**，这些需要方法+工具+**组织**的有机融合，方能让数据智能成为企业最重要的业务增长引擎。瓴羊公司自成立以来，一直以这个理念驱动进一步打磨升级产品，背后是数代阿里巴巴大数据人梦之所想、匠心追求、价值导向。真正经历过大数据之路并有成功经验的企业少之又少，瓴羊公司期望通过这样的方式去分享、陪伴更多企业加速完成数字化转型之路，正如公司的使命"让数据更普惠，让商业更智能"！

Quick BI 作为瓴羊公司数智产品家族里客户最多、发展历史最久的产品，也承载着其中最核心的使命——"让数据更清晰、让决策更高效，使数据变成一种管理语言！"也许很多人对 BI 的认知是"报表""可视化"，而这只是冰山一角。在瓴羊公司的理解中，Quick BI 应成为这样一个优秀的 BI：

应该是决策的，而非呈现的；

应该是智能的，而非滞后的；

应该是协同的，而非孤立的；

应该是管理的，而非技术的！

它应该是辅助决策的数据智能分析体系，助力企业实现"战略—决策—管理—策略—执行—效果"全链路数据驱动！

基于此，Quick BI 的核心产品能力可以概括为"决策 4 擎、动态 4 表、智能 3 端、协同 3+N Plus、管理 1 门户"。

决策"4 擎"分别指：Quick ETL（Extract-Transform-Load，抽取、转换、加载）引擎，0 代码完成数据准备，让数据自助分析不再有门槛；Quick 加速引擎，毫秒级查询反馈，10 亿级数据查询+计算仅需 0.3 秒；Quick 分析引擎，支持 100% 主流数据源链接，国产化完备度高，OLAP 分析+增强分析双轨驱动；Quick 渲染引擎，40 多种图表支持像素级精细化配置，简单报表 3 分钟搭建，全面展现数据之美，让数据决策不再有技术难点。

动态"4 表"分别指：仪表板，通过 40 多种可视化组件构建具备交互式分析能力的仪表板和报表；电子表格，低门槛沿用 Excel 技能，通过在线电子表格进行数据组合并绘制复杂样式的报表；交互分析表，自由拖曳指标组合成报表和对比分析的工具，业务人员几分钟就可以上手进行自助探索分析；数据填报表，通过在线表单和批量上报功能帮助企业完成一站式数据收集上报。让数据流动，并实现动态可查、可看、可分析。

智能"3端"指：满足PC端、移动端、大屏端等不同设备上的数据分析与呈现，并可根据场景叠加对应智能分析能力，实现提效。

协同"3+N Plus"中的"3"指：与钉钉、企业微信、飞书等IM工具账号打通，以及工作台中的Quick BI移动端微应用的自定义设计；"N Plus"指：Quick BI从数据隔离方案、可视化模板、资源集成，到安全、系统、业务集成，全链路开放与应用，可贴合不同企业、不同生态伙伴的诉求，被不同程度地集成、应用到业务系统及业务场景进行协同办公，主要产品能力包括登录认证、开放API、嵌入分析、数据服务、自定义扩展等。

管理"1门户"指：通过菜单和导航形式，基于业务场景、业务部门、营销等创建有组织、有分析思路的门户站点和报表系统，帮助团队360°查看及管理各种业务状态。

借助Quick BI这些核心产品能力，企业可以构建自上而下的决策分析体系，实现业务流程和数据分析融合，提升企业内各种人员的数据分析效率，同时促成数据消费和价值洞察的数字化运营企业文化。

未来，只有能够驾驭数据的人，才能成功驾驭商业机会，Quick BI愿伴随更多企业组织和个人在数据智能领域共勉、共进、共成功！这本书作为Quick BI使用入门及实践参考，希望能够成为读者和Quick BI交互的起点，一起迈向共同的数据智能远方！

瓴羊智能科技有限公司

前　　言

阿里云 Quick BI 是源自中国的平台级商业智能软件代表者。

从 20 世纪 90 年代由 Gartner 提出"商业智能软件"这一概念以来，Business Intelligence 软件（简称"BI 软件"）首先作为 ERP 的附属品被市场接纳，然后在近 30 年的时间里，它随着数据规模迅速膨胀、市场态势日渐复杂，成长为企业管理决策的必备生产力工具之一。如今，BI 软件在"万物互融"的数字化转型浪潮中，呈现出灵活多变的姿态：门户网站、业务管理系统、流水线操作台、APP/小程序后台等都能看到 BI 软件的身影……

20 多年前，我踏入中国传媒大学调查统计研究所攻读硕士学位。就在那一年，淘宝网 PC 端才刚刚起步，虽然商品种类无法与今日相提并论，但购买鞋服被褥等日常用品已是绰绰有余。随后，支付宝推出了先验货后付款的创新模式，这一变革极大地提升了年轻人网络购物的意愿。像电脑这样重量大且购买风险较高的商品，人们自然希望能够享受无忧的退换货和专人送货上门服务。随着 2008 年淘宝商城成功引入众多知名品牌，以及 2010 年手机端的大规模开发，淘宝网的商品多样性及优质的用户体验，使得越来越多的人习惯每晚靠在枕头上，随手拿起手机，享受购物的乐趣。

为支撑电商平台快速变化的业务场景和海量的数据，Quick BI 作为与管理决策紧密相关的前端应用，不仅得到了阿里巴巴的开放式支持——购买当期全球最先进的数据仓库、数据挖掘、数据可视化等技术来保障商家、小二等日常管理有数可用、有数可策，而且得到专款型预算——电子表格、仪表板、大屏展示、权限管理、多级类目等独立研发资源及软件专利版权申请，数十年如一日地打磨，使其更适合中国用户的习惯。

时至今日，阿里云 Quick BI 虽然源起于电商，却早已走出一条跨越电商的通用产品道路：它不仅经历了阿里巴巴各事业部十万数量级员工的千锤百炼，而且依据淘宝、天猫数百万商家的数据分析需求进行了精益求精的迭代，伴随着阿里云业务的扩展、淘系跨境电商的落地及钉钉生态的开放，Quick BI 逐步赢得了除阿里巴巴及零售行业外的金融、政务、互联网、制造、教育、能源等千行百业客户的认可。

自 2019 年以来，国际知名调研机构 Gartner 所发布的"商业智能和分析平台魔力象限报告"中，阿里云 Quick BI 已连续多年作为唯一入选的中国产品位列其中，并且其地位已经从"特定领域者"象限稳定提升到了"挑战者"象限。

作为商业智能软件的重度用户，数据分析师的工作是帮助企业从海量数据中提取有价值的信息并做出决策，是否能获得最准确、最快捷的数据连接体验，是每位分析人员最看重的第一步。Quick BI 能无缝整合阿里云上众多数据产品，轻松实现对亿级，甚至是 10 亿级的数据规模的秒级响应，而且完全支持独立购买与使用：它能够针对企业自身环境实现跨数据源构建多维查询模型，能够充分利用数据源原生计算能力实现查询优化，利用智能缓存技术避免重复计算，以及利用 MPP（Massively Parallel Processing，大规模并行处理）技术实现计算性能加速等。在这些用户看不见的底层能力中，Quick BI 下足了功夫，每一秒速度的提升都源自研发团队持续的关注与投入。而在看得见的前端，尤其是手机端，用户可以通过智能问答交互功能，借助 Quick BI 实现基于自然语言的交互式数据分析，从而步入零门槛的数据探索与深度分析之路。

这是我与瓴羊公司合力撰写这本《Quick BI 使用入门及业财应用实践》的初衷：尽管已积累了丰厚实力与丰富场景，奈何阿里系产品很多，Quick BI 就像兄弟姐妹众多的大家庭里天天干活的小姐妹一般，养在深闺人未识——淘系电商后台的数据分析用户未必知晓它是生意参谋的内核，钉钉门户的用户未必留意它是钉钉诸多解决方案中的数字报表，阿里云的用户也很难关注到自己的使用量与费用分析是随着它一次次点击生成的……

对于与数据紧密打交道的财务场景来说，Quick BI 实际上是一款非常适合财务人员使用的工具：

- 有生产计划或销售任务的单位，经常因为市场波动、人事调动、产能调整等因素导致管理变动，为了让生产、库存、采购、销售等部门快速适应变化，及时同步信息十分重要。Before：设定目标的经营管理人员与负责出入库和绩效核算的财务人员都碰到过数据格式不一致、数据字段不统一、销售目标数据汇总困难等问题。After：使用 Quick BI 的数据填报功能，不仅可以及时、准确完成录入工作，而且可以轻松实现实时修改、线上审核等，从而更顺利开展这类强流程中的后台表单化作业工作。

- 随着电子发票的普及，用户轻轻松松点一下即生成一张发票，在发票数量显著增多的同时，管理层对企业财务管理和报税工作效率的预期也随之提升。Before：财务系统与费用控件、成本控制等第三方商业运营平台多端难以联动，后台数据交换需求增长，却只能由人工导数来实现。After：使用 Quick BI 的云端部署能力，财务数据打通"数据获取—运算—分享"全链路、一次操作就好，通过在线应用即可随时随地实现财务分析。

- 管理者早已不满足于查看 EBITDA（税息折旧及推销前利润）、ROI（投资回报率）等具体数值，而是提出了查看市场趋势、了解价格弹性和仿真模拟风险等复杂建模的需求。同时，随着数据安全扫描手段的全面加强，这些数据需要实现单元格级别的权限管理。Before：忙碌的财务人员需要 Excel、PPT 多管齐下，还需要学习 VB 技术做分析，思考各种数据校对方案、本地化数据保密方案，在数字和各种工具的海洋里消磨生产力。After：借助内置强大前端图表渲染引擎的 BI 软件，图表制作时间大幅缩减至原先的 10%；BI 软件拥有类 Excel 的界面及更出色的建模与计算能力、叠加多维安全权限控制的数据门户、邮件订阅或钉钉/飞书/企微协同分享功能等，导致因数据处理而产生的加班概率已几乎降低为零。

2023 年，随着阿里巴巴集团宣布启动"24 年来最重要"的"1+6+N"组织变革，我不仅看到这家老牌互联网大厂进行敏捷化效率提升和激发业务活力的决心，还看到十年磨一剑孵化出的 Quick BI 产品的巨大潜力。我坚信，在瓴羊智能科技有限公司这家独立子公司的持续研发与完善下，Quick BI 的未来将更加光明。最近，瓴羊公司的数据智能产品团队更是以周为节奏进行敏捷更新，持续小而美地优化数据分析链路的易用性和安全性，同时加持智能化能力，为企业数字化转型升级注入越发可靠的力量。

期待未来生根于中国的商业智能软件 Quick BI 继续腾云而上，在国内外市场上彰显中国品牌实力，在全球数字化浪潮中绽放光彩，持续闪耀！

何业文

2024 年 6 月

致　　谢

　　本书所甄选的案例数据虽然经过了脱敏，但商业场景都是真实的。对这些真实场景的描述离不开来自客户的鲜活案例，在此诚挚感谢给予展示机会的诸多客户，这些企业分别是它们所在行业的翘楚。出于商业保密的原则，在此无法列出客户的名称并逐一道谢，衷心祝愿每一家客户都保持着与数据同行时的学习型组织和数据分析文化，在数据驱动越来越重要的今天持续领航！

　　本书的撰写得到瓴羊公司优秀咨询分析师的辛勤支持，包括张谦、吴铁民、洪骏元、谢文锋、葛紫云、马里、高周毓。我们针对案例的深度与广度进行过多次讨论，最终将本书内容顺序定为先学会软件操作技巧（第 1 章至第 4 章），再实践财务分析思路（第 5 章至第 15 章），最后掌握企业级业财一体化分析的指标设计与动手实操能力（第 16 章和第 17 章）。其中第 5 章至第 15 章内容的编写得到了当时一起共事的刘鸿博的全力支持，在此诚挚感谢！全书的教案制作由王笑琳与杨晓帅完成。希望本书丰富的数据、实例和 PPT 既能帮助自学者大有收获，又能帮助教师们高效完成财务分析的上机教学。

　　我衷心感谢每一位关注本书的读者。通过这本书的学习，我相信具备深厚财务专业知识的读者，不仅能够精准把握单位的资金流动，而且能够借助强大的 BI 工具为日常运营提供诊断，识别潜在问题，甚至发掘企业的隐藏潜力，为企业开辟新的增长领域，实现业务的繁荣与发展。

　　然而，我深知数据分析能力的提升是一个需要工作经验与知识不断积累的漫长过程。无论我们如何细致地描述，对于没有亲身经历过的案例，读者都难以完全重现商业环境中决策性思考的具体过程。因此，我希望读者能够在阅读本书后，将所学的财务分析技能应用于实际工作中，不断实践、探索和创新。

　　由于撰写时间有限，书中难免存在疏漏和不足之处。恳请读者发现问题后，在电子工业出版社设置的读者群中留言,为我们提供宝贵的意见和建议。在此诚挚感谢!

感谢电子工业出版社石倩女士及编辑团队的持之以恒,感谢技术编辑花费大量时间完成了图书的校对与排版!

目　　录

第 1 章　快速了解 Quick BI

1.1　Quick BI 的发展历程

Quick BI 是由阿里巴巴企业内部的 BI 工具发展而来的,如图 1-1-1 所示。2014 年之前, 阿里巴巴还在使用传统的 BI 工具制作报表和获取数据, 但传统 BI 工具无法满足阿里巴巴内部丰富的场景、快速变化的业务和海量数据查询的诉求。

图 1-1-1　Quick BI 发展历程

2014 年, 阿里巴巴内部开始出现各种自建的可视化工具。例如, 服务于有 Excel 使用经验人员的在线电子表格、支持 "双 11" 和 "618" 大促活动的可视化大屏、快速构建报表和仪表板的工具等。

从 2017 年开始, 阿里巴巴内部的 BI 工具逐渐统一为 Quick BI, 并在阿里云上对外提供数据可视化和分析的服务。此时的 Quick BI 已经经过阿里巴巴内部自用的锤炼和运营积累, 一经推出就迅速成为阿里云上最受欢迎的 BI 工具之一。

2020 年, Quick BI 开始成长为面向企业全场景的消费式 BI 平台, 企业可以在阿里云、钉钉、淘宝等多个平台选择 Quick BI 的服务, 服务于零售、金融、政务、互联网、制造等各种行业共上万家企业。

1.2　Quick BI 产品简介

1.2.1　Quick BI 是什么

Quick BI 是一款全场景数据消费式的 BI 平台，秉承"**全场景消费数据，让业务决策触手可及**"的使命，通过智能的数据分析和可视化能力帮助企业构建数据分析系统。你可以使用 Quick BI 制作漂亮的仪表板、格式复杂的电子表格、酷炫的大屏、有分析思路的数据门户；也可以将报表集成在业务流程中，并且通过邮件、钉钉、企业微信等分享给你的同事和合作伙伴。

Quick BI 可以让企业的数据资产快速地流动起来，通过与 AI 结合挖掘数据背后的价值，加深并加速在企业内部各种场景的数据消费。

1.2.2　Quick BI 的优势

1. 企业数据分析全场景覆盖

从管理层决策分析，到业务专题分析应用、业务系统集成，再到一线人员的个人自助分析，Quick BI 覆盖企业数据分析的各种场景，如图 1-2-1 所示。

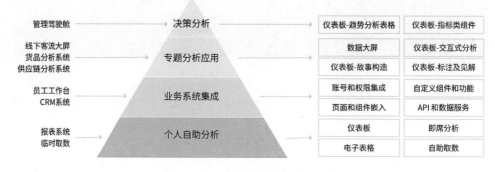

图 1-2-1　企业数据分析全场景覆盖

2. 高性能海量数据分析

Quick BI 基于自研可控的多模式加速引擎，通过预计算、缓存等方式，可以快速查询 10 亿条数据。

3. 权威认证的可视化

Quick BI 具有 40 多种可视化组件，并可实现联动钻取等多种交互方式，以及数据故事构建、动态分析、行业模板内置等功能，让数据分析高效、美观。

4. 全方位的移动办公协同

Quick BI 的组件全部面向移动端特性定制，与钉钉、企业微信等办公工具全面集成，可以随时随地分析数据，并与组织成员分享协同，如图 1-2-2 所示。

图 1-2-2　全方位的移动办公协同

5. 丰富的集成实践

Quick BI 支持嵌入式分析集成，覆盖单租户及多租户模式，拥有钉钉及生意参谋两个千万级用户平台的集成和服务实践。

6. 企业级安全管控

Quick BI 通过 ISO 安全和隐私体系认证，拥有企业级的中心化和便于协同的安全管控体系。

1.2.3　业界评估

1. Gartner 商业智能和分析平台魔力象限报告

Gartner 是一家深受客户信赖、观点客观的 IT 研究与顾问咨询公司，成立于 1979 年，其在科技领域的研究分析受到市场的高度认可。

2022 年 3 月，Gartner 公司发布《2022 年商业智能和分析平台魔力象限报告》

(*Magic Quadrant for Analytics and Business Intelligence Platforms*，ABI)，阿里云连续 3 年成为首个且唯一入选该领域魔力象限权威评测的中国企业。

作为 BI 市场中的知名权威评测报告，"Gartner 商业智能和分析平台魔力象限"的角逐一直较为激烈，其评选标准包括全球市场份额、产品能力、客户反馈等。在阿里云入选"2019 年度商业智能和分析平台魔力象限"前，还没有一家中国厂商能入选这一领域的魔力象限。

报告显示，阿里云作为该领域魔力象限的全新闯入者，旗下产品 Quick BI 已经在特定细分市场和领域取得成功，获得了市场的广泛认可。Gartner 分析师认为，"它在未来将有影响全球市场的潜力"。

自入选以来，Quick BI 在 ABI 魔力象限中的位置不断提升至 Niche Players（利基）象限的头部位置，并在 2023 年完成位置跃升，进入 Challengers（挑战者）象限。

2. IDC 商业智能软件市场报告

国际数据公司（IDC）是全球著名的信息技术、电信行业和消费科技咨询、顾问和活动服务专业提供商，成立于 1964 年。IDC 在全球拥有 1300 多名分析师，为 110 多个国家的技术和行业发展机遇提供全球化、区域化和本地化的专业视角及服务。IDC 的分析和洞察助力 IT 专业人士、业务主管和投资机构制定基于事实的技术决策，以实现关键业务目标。

在 IDC 的商业智能软件市场报告中，2021 年上半年，Quick BI 以 14.9% 的份额在"中国前五大预测与高级分析软件市场厂商份额"中排名第二。

1.3 Quick BI 的应用场景

Quick BI 在国内外拥有众多用户，丰富的功能特性满足了用户对不同场景的需求。

1.3.1 数据自助分析与决策

某科技企业在业务数据化运营中，经常需要对用户留存率、活跃率数据等进行分析，而 Quick BI 可以展现丰富的数据，操作便捷，很好地满足了用户全程自助分析数据与即时决策的需求，解决了用户的以下问题。

（1）取数难。

业务人员经常需要找技术人员写 SQL 语句，查看各个维度的数据，以便做决策，而 Quick BI 可以让业务人员自行拖曳指标，查看各个维度的数据。

（2）报表产出效率低，维护难。

后台分析系统的数据报表变更、编码研发周期长，维护困难，而 Quick BI 可以让各个角色协同操作，多线并行，无须编码研发。

（3）图表效果设计不佳，人力成本高。

使用其他工具做报表，人力维护成本高，而 Quick BI 自带丰富的可视化图表组件，能满足业务人员各式各样的需求。

1.3.2　报表与自有系统集成

某运输公司期望用最低成本、最快速度搭建一个可展示、可分析的简易 BI 平台，能迅速将公司的重要业务数据集成展现在公司的管理系统中，为各个业务线和各区域的人员提供数据支持。Quick BI 可以快速实现这个需求。

1.3.3　交易数据权限管控

数据对某支付平台的每个城市经理来说都至关重要，需要通过数据了解城市业务的发展情况，及时发现异常，并通过数据下钻来定位问题、解决问题。作为数据团队，除了分析数据，还需要管控数据权限。基于此需求，Quick BI 帮助用户解决了以下问题。

（1）数据权限行级管控。

例如，在同一份报表中，上海区经理只能看到上海业务的相关数据。

（2）适应多变的业务需求。

统计指标经常根据业务发展而频繁变动，负担重、响应慢，而 Quick BI 可以让业务人员灵活拖曳指标，实现自助分析。

（3）跨源数据集成及计算性能保障。

充分利用云上 BI 的底层能力，解决跨源数据分析及计算性能瓶颈问题。

1.4 Quick BI 功能介绍

Quick BI 的功能架构如图 1-4-1 所示。从底层支持的数据源来看，支持多云数据库、本地数据库、应用数据源和业务数据源等。主链路功能有仪表板、数据大屏、电子表格、即席分析、自助取数等。提供多端入口，如 PC 端、大屏端、无线端等。

1.4.1 数据构建

数据构建是指生产或处理数据的过程，包括输入数据源、创建数据集、数据准备，以及数据填报。

1. 输入数据源

数据源是 Quick BI 用于连接数据库的管理功能，支持云数据库、自建数据源、应用数据源、本地上传、API 数据等多种数据源输入方式，如图 1-4-2 所示。

- 云数据库：支持 MaxCompute、MySQL、SQLSever、AnalyticDB for MySQL 2.0、HybridDB for MySQL、AnalyticDB for PostgreSQL、PostgreSQL、PPAS、Data Lake Analytics、Hive、对象存储 OSS、DRDS、Presto、AnalyticDB for MySQL 3.0、PolarDB for MySQL、TSDB、Hbase、ClickHouse、PolarDB for PostgreSQL、Hologres、OceanBase、LindormTSDB 等 20 余种云数据库。
- 自建数据源：支持 MySQL、SQLSever、PostgreSQL、Oracle、Hive、Vertica、IBM DB2 LUW、SAP IQ (Sybase IQ)、SAP HANA、Presto、Kingbase、Gbase、Impala、Snowflake、Kylin、ClickHouse、Spark SQL、MongoDB、Apache Doris、达梦、StarRocks、SelectDB 等 20 余种自建数据源的连接。
- 应用数据源：支持 Dataphin 数据源。
- 本地上传：支持上传.csv、.xlsx、.xls 格式文件。
- API 数据：支持 API 数据连接。

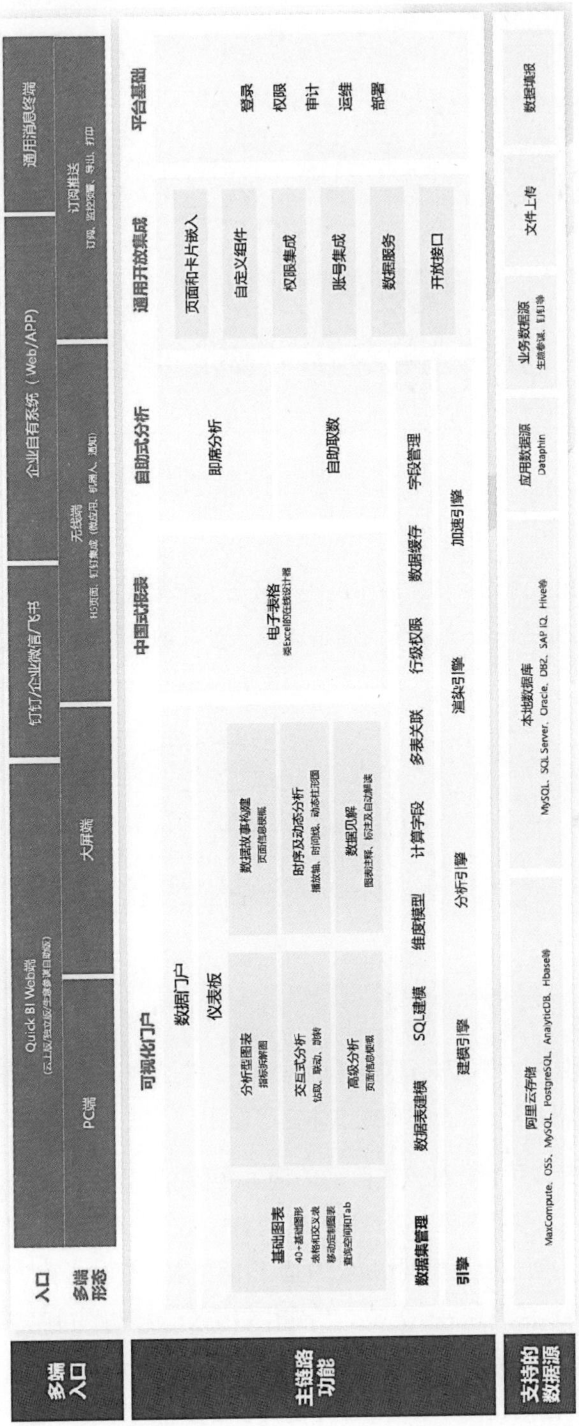

图 1-4-1　Quick BI 功能架构

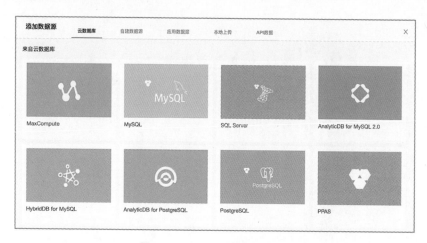

图 1-4-2 Quick BI 数据源连接

2. 创建数据集

数据集作为数据源和可视化展示的中间环节，承接数据源的输入，并为可视化展示输出数据表，如图 1-4-3 所示。通常，IT 人员、数据研发人员或数据分析师等在处理数据时会使用数据集。

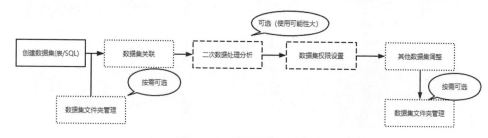

图 1-4-3 创建数据集操作流程

在数据集管理中，可以对数据集（数据源中的表或通过 SQL 创建的数据集）进行关联、二次数据处理分析、编辑或重命名等操作。

Quick BI 支持以可视化配置或自定义 SQL 语句的方式创建数据集。自定义 SQL 语句的方式支持传入参数，传入参数的方式有参数和占位符两种；可视化配置界面可进行编辑、隐藏、维度/度量类型切换、同步日期粒度、复制、转换为度量/维度、调整默认聚合方式、调整默认展示方式、新建层级结构、移动、排序、删除和选中字段拖动调整顺序等操作；数据集还支持字段批量配置、数据过滤、新建分组维度、新建计算字段：聚合、四则运算、字符分割与合并、日期时间处理、复杂分组等；数据集还可跨空间复制、切换数据源等。

3. 数据准备

数据准备（轻量 ETL）可以对数据源表或者数据集中的数据进行清洗、聚合、转置、关联和合并等操作，并将加工后的数据输出，让不会写 SQL 代码的业务人员能够低成本完成数据准备工作。

数据准备的常规流程为在数据源模块建立数据库连接后，开发者将数据源表或者数据集作为输入，在数据集模块建模，并基于数据集深度分析与展示数据，如图 1-4-4 所示。

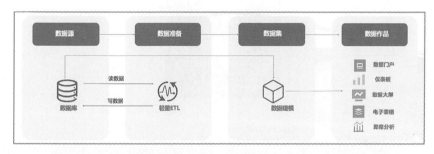

图 1-4-4　数据准备流程

在实际应用时，从数据源到数据集环节，需要对数据源进行额外的加工处理（例如，对数据进行合并、聚合等操作）。因此，Quick BI 引入数据准备模块，通过轻量 ETL 对数据源或者数据集进行清洗、加工处理，加工之后的数据重新写回到数据源或者数据集中，再进行数据建模和数据深度分析。

4. 数据填报

数据填报是专为录入业务的数据字段而设置的功能，你可以将业务人员录入的数据存放在业务库中，并进行二次数据分析。数据填报可零代码进行在线数据收集，用于用户一站式完成自定义表单、智能数据上报、数据统计和分析，具有如下优势。

- 一站式：一站式完成数据收集、数据建模、数据分析和可视化结果呈现。
- 简单易用：零代码搭建表单，提供丰富的组件，降低门槛，打破数据开发者和数据分析者的边界。
- 多人协作：可以多人协作维护一份数据，实现数据实时共享。
- 多端适配：一次搭建，多端适配，低成本变更，快速数据上报。

数据填报提供表单主题、问卷主题等界面，内含单行文本、多行文本、数值、日期时间、单选、下拉单选、下拉多选等基础组件和树形下拉、富文本、图片上传、评分、分栏布局等高级组件，如图 1-4-5 和图 1-4-6 所示。

图 1-4-5　数据填报界面

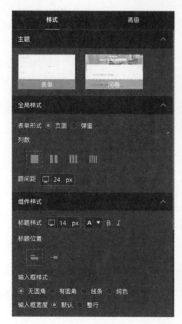
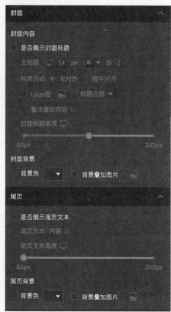

图 1-4-6　数据填报样式设计界面

1.4.2 数据分析

数据分析是数据辅助决策的"最后一公里",是最终的数据可视化展示与探索分析部分,商业环境中包含成千上万的数据分析思路与方法,用户可以根据业务场景选择最优组合。Quick BI 中执行数据分析过程及展示数据分析成果的 6 种常用载体包括仪表板、电子表格、数据大屏、即席分析、自助取数和模板市场等。

1. 仪表板

仪表板是拖曳式的在线分析与可视化制作功能,支持拖曳式页面布局且自动适配 PC 端、移动端和大屏,支持 40 余种图表组件,支持多组件关联查询、组件联动分析和组件下钻分析,支持筛选器、文本、Iframe、Tab、图片等多种控件组件,如表 1-4-1 所示。

表 1-4-1 Quick BI 仪表板支持控件/组件

类 型	组 件	类 型	组 件	类 型	组 件
控件	故事线	比较类	柱图	指标类	指标看板
	查询控件		堆积柱状图		指标趋势图
	复合查询控件		百分比堆积柱状图		仪表盘
	Tab		条形图		进度条
	富文本		堆积条形图		水波图
	图片		百分比堆积条形图		翻牌器
	内嵌页面		环形柱状图	分布类	饼图
表格类	趋势分析表		排行榜		玫瑰图
	新交叉表		瀑布图		雷达图
	明细表	关系类	漏斗图		矩形树图
趋势类	线图		对比漏斗图		词云图
	面积图		气泡图	空间类	气泡地图
	堆积面积图		散点图		色彩地图
	百分比堆叠面积图		分面散点图		热力地图
	组合图		来源去向		飞线地图
时序类	动态条形图		桑基图		符号地图
	时间轴图		指标拆解树	自定义	自定义组件

2. 电子表格

作为"中国式报表"的制作工具，电子表格可以满足企业中不同角色用户、不同业务场景数据可视化分析展现的诉求。Quick BI 电子表格沿袭类 Excel 在线设计工具的界面，如图 1-4-7 所示，学习成本低，上手快。支持在线导入、导出 Excel 文件，具备快捷自定义函数计算的能力，支持多种数据源连接、丰富的条件格式，以及拥有自由式表格设计的能力。报表编辑、预览、导出均受权限管控，在保障数据安全的同时，降低报表维护成本。业务人员也可以自助生成"中国式报表"，提升企业看数据、用数据的效率。

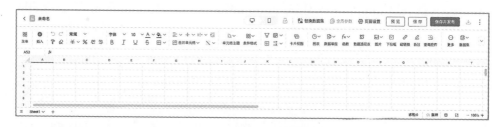

图 1-4-7　电子表格界面

电子表格具有以下亮点。

- 基础操作类似 Excel，支持多个 Sheet，可快捷合并、引用单元格，支持行/列冻结、分组，支持设置数据格式、插入图表(线图、柱图、饼图、仪表盘、漏斗图、雷达图、散点图等)、插入条件格式等操作。

- 支持数据库函数、日期和时间函数、财务函数等多种函数类型，可兼容 450 种以上的 Excel 公式。用户可轻松扩展，满足自定义公式、跨表格引用等多场景的计算需求，实现数据聚合，不断完善有效数据。除此之外，电子表格数据面板还支持快捷总计、小计函数等计算操作。同时搭配不同区块的个性化着色能力，以提升报表制作效率和数据可读性。

- 支持多级表头、表头合并、多级浮动、分组、斜线表头、多表体等复杂的报表样式。双击单元格后手动输入文本即可作为固定表头，可同步更新数据集指标字段作为表头，亦可通过绑定数据集来做行/列动态表头；可随心定义"格式复杂，信息量大"的监管报表，实现包括但不限于各类明细表、分组报表、交叉报表、主子报表、分栏报表、查询类报表、填报类报表等表格的制作。

3. 数据大屏

面向企业数据消费者，数据大屏通过自由画布、信息图类组件、动效等能力，将可视化和场景叙事技术结合，运行在非接触式连接的酷炫大屏上，满足业务监控数字屏、项目会议演示屏，以及对外媒体大屏等场景，如图 1-4-8 所示。

图 1-4-8　数据大屏界面[1]

Quick BI 数据大屏致力于打造高可视化要求、易上手的大屏搭建工具，具有以下亮点。

- 内置丰富的行业模板和素材内容，支持一键安装应用，快速搭建美观酷炫的大屏。
- 将可视化与叙事技术结合，支持多场景、多页面的故事性大屏。
- 图表配置精细，支持动画效果，更有助于渲染气氛。
- 数据指标和分析加工过程可以一键复用，加工效率高。

4. 即席分析

即席分析面向一线业务人员，通过拖曳字段即可让懂业务的人自助实现数据分析。

1　本书中所有 Quick BI 产品界面出现的数据均为测试数据。

（1）即席分析核心能力。

- 灵活的数据分析：由于业务迭代、变化较快，数据分析思路无法固定，即席分析能够提供灵活的数据分析能力，随时取数、随时分析。
- 多维的数据组合：从不同维度进行拼装、组合形成分面，实现更多维的分析场景。
- 极低的操作门槛：配置成本低，只需要进行简单的拖曳即可生成具体的表格数据，即使是无任何技术背景的业务人员也可快速构建分析表格。

（2）即席分析应用场景。

- 随时随地探索数据：业务人员针对各个场景进行定向数据探索，从不同维度进行合并、拆分。例如，6 月 1 日，业务人员想要查看上个月华东区域办公用品的销售金额，6 月 2 日，业务部门领导又需要业务人员根据全国门店的库存情况来调货，确保重点区域门店在"618"大促不会出现库存不足的情况。仅仅是一个固化的交叉表，并不能快速满足从看华东区域销售数据切换到看全国门店库存情况的诉求，这时，业务人员可以通过即席分析来实现灵活地查看数据和自助取数。
- 会议讨论动态分析：会议场景下，针对不确定的问题快速生成数据结果，辅助决策。
- 业务变化灵活响应：业务重点发生变化，快速切换分析方向，并迭代内容去响应业务的变化。

当业务范围或人员组织有变动时，数据归属或者查看的视角往往会随之变化。例如，商品"书架"原来归属于办公用品类目，后来变成了家具产品类目，此时，在不更新底表的情况下依然可以出数据，借助即席分析仍然可以快速拖曳出商品"书架"的相关数据。

即席分析界面如图 1-4-9 所示，各板块介绍如下。

①数据面板区域：先有数据，再有表格。左侧数据面板可以直接加载具体维值，也更方便将字段拖曳到右侧表格区域生成报表。

②功能导航条：类似于 Excel 功能区，支持抑制、自定义小计、分析计算、清空等常用功能。

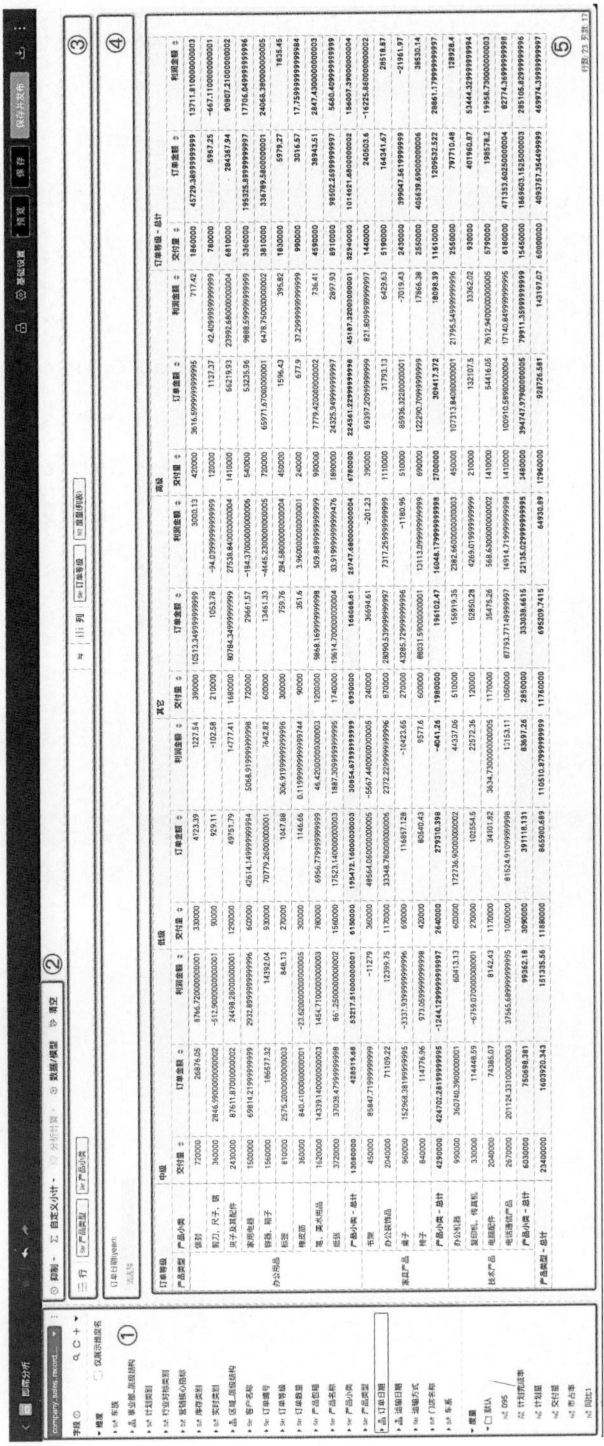

订单等级		中级			低级			其它			高级			订单等级 - 总计		
产品类型	产品小类	交付量	订单金额	利润金额	交付量	订单金额	利润金额	交付量	订单金额	利润金额	交付量	订单金额	利润金额	交付量	订单金额	利润金额
	信封	720000	26876.05	8746.720000000001	330000	4723.39	1227.54	390000	10513.349999999999	3000.13	420000	3616.5999999999999	717.42	1860000	45729.38999999999	13711.810000000003
	剪刀、尺子、锯	360000	2846.9900000000002	-512.9000000000001	90000	929.11	-102.58	210000	1053.78	-94.03999999999999	120000	1127.37	42.409999999999999	780000	5967.25	-667.11000000000001
	夹子及其配件	2430000	87611.87000000002	24498.280000000001	1290000	49751.79	14777.41	1680000	80784.349999999999	27538.840000000004	1410000	66219.93	23992.680000000004	6810000	284367.94	90807.21000000002
	家用电器	1500000	69814.219999999999	2932.8999999999996	600000	42614.149999999994	5068.9199999999999	720000	29661.57	-194.37000000000001	540000	53235.96	9888.5999999999999	3360000	195325.89999999999	17706.049999999996
办公用品	容器、箱子	1560000	186577.32	14392.04	930000	70779.26000000001	7642.82	600000	13461.33	-4445.2300000000005	720000	65971.670000000001	6478.7500000000002	3810000	336789.5800000001	24068.380000000005
	标签	810000	2575.2000000000003	848.13	270000	1047.86	306.9199999999999	300000	759.76	284.58000000000001	240000	1596.43	395.82	1830000	5979.27	1835.45
	橡皮筋	360000	840.41000000000005	-23.620000000000005	300000	1146.66	0.11999999999999744	90000	351.6	3.9600000000000001	240000	677.9	37.299999999999999	990000	3016.57	17.759999999999994
	纸、美术用品	1620000	14339.140000000001	1454.7100000000003	780000	6956.779999999999	46.420000000000003	1200000	9868.169999999999	509.889999999999	990000	7779.420000000003	736.41	4590000	38943.51	2847.4300000000003
	纸张	3720000	37038.479999999998	86.25000000000002	1560000	17523.140000000003	1887.3099999999999	1740000	19614.700000000004	33.919999999994476	1890000	24325.349999999999	2897.93	8910000	98502.269999999997	5680.4099999999919
	产品小类 - 总计	13080000	428519.68	53217.51000000001	6150000	195472.16000000003	30654.879999999999	6930000	166068.61	26747.680000000004	6780000	224561.22999999999	45187.32000000001	32940000	1014621.6800000002	156007.39000000004
	书架	450000	85847.719999999999	-11279	360000	48564.060000000005	-5567.4400000000005	240000	36694.61	-201.23	390000	69397.2099999999	821.8099999999998	1440000	240503.6	-16225.860000000002
	办公装饰品	2040000	71109.22	12399.75	1170000	33348.780000000006	2372.2299999999997	870000	28090.539999999997	7317.259999999999	1110000	31793.13	6429.63	5190000	164341.67	28518.87
家具产品	桌子	960000	152968.38199999995	-3337.9399999999996	690000	116857.12	-10423.65	570000	43285.729999999996	-1180.96	480000	85936.320000000001	-7019.43	2430000	399047.56199999999	240503.6 -21961.97
	椅子	840000	114776.96	973.05999999999999	420000	80540.43	9577.6	600000	88031.590000000001	13113.099999999999	690000	122290.70999999999	17866.38	2550000	405639.690000004	38530.14
	产品小类 - 总计	4290000	424702.28199999997	-1244.1299999999997	2640000	279310.398	-4041.26	1980000	196102.47	16048.179999999998	2700000	304417.372	18098.39	11610000	1209532.522	28661.17999999997
	办公用品	960000	360740.39000000001	60413.13	600000	172736.90000000001	44337.06	510000	156919.35	22662.660000000003	450000	107313.84000000001	21795.549999999999	2550000	797710.48	128928.4
	复印机、传真机	330000	114448.59	-6759.07000000001	270000	102554.5	22572.36	120000	52850.28	4269.019999999999	210000	132107.5	33362.02	930000	401960.87	53444.329999999994
技术产品	电脑配件	2040000	74385.07	8142.41	1170000	34301.82	3634.7300000000005	1170000	35476.26	568.63000000000001	1410000	54416.05	7612.9000000000005	5790000	198578.2	19958.730000000003
	电话通信产品	2670000	201124.33100000003	37565.689999999999	1050000	81524.910999999999	1153.11	850000	87793.771149999997	18753.11	510000	100910.08900000004	17140.849999999999	6180000	471353.60250000004	82774.369999999898
	产品小类 - 总计	6030000	750698.381	99362.18	3090000	391118.131	83697.26	2850000	333038.6615	22135.029999999999	3480000	394747.97900000005	79911.359999999999	15450000	1869603.1525000003	285105.82999999999
产品类型 - 总计		23400000	1603920.343	151335.56	11880000	865900.689	110510.0799999999	11760000	695209.7415	64930.89	12960000	928726.581	143197.07	60000000	4093757.354499999	469974.39999999999

图 1-4-9　即席分析界面

③行/列容器：将具体字段拖曳至行或列容器中，生成表格对应的行、列数据。

④查询控件区域：直接将维值拖入查询控件区域即可生成筛选结果，无须复杂的条件配置。

⑤表格区域：以表格形式展示，可直接拖曳字段至表格内，是数据分析展示的核心区域。支持在表格区域内直接进行多种计算、排序、格式化等操作。

5. 自助取数

Quick BI 自助取数服务，旨在提供拖曳式可视化的取数服务，重塑数据取数全链路。一方面，在 IT 支撑提供标准元数据和行列级权限管控的基础上，让业务人员实现自助取数，降低对 IT 支撑人员的依赖，最终实现业务自助式提效。另一方面，让 IT 支撑人员基于 Quick BI 的数据集进行指标定义，基于自助取数功能进行拖曳式取数模板定义，减少 IT 人员在后台进行数据抽取及数据加工的过程，大幅提升取数效率。

借助自助取数，业务人员可以通过简单的拖曳和选择操作定义取数字段及查询项，一键创建取数任务，将自己所需的数据以 Excel 形式下载到本地。另外，其可支撑百万级大数据量下载的诉求，如图 1-4-10 所示。

图 1-4-10　自助取数界面

6. 模板市场

Quick BI 的模板市场提供新的零售行业、通用行业及 Quick BI 应用实践等模板示例，在创建报表时，可以根据业务需求选择并安装模板，如图 1-4-11 所示。

图 1-4-11　模板市场界面

1.4.3　数据应用

数据应用是指将数据分析中搭建的产品进行应用，例如以菜单形式集合的数据门户，或通过订阅及监控告警功能实现的数据推送等。

1. 数据门户

数据门户也叫作数据产品，是通过菜单形式组织的仪表板、电子表格、数据大屏、即席分析、自助取数、数据填报、外部链接的集合。通过数据门户可以制作复杂的带导航菜单，用于专题类分析。比如，基于业务场景、业务部门、营销等进行目录组织，帮助团队进行一站式数据访问门户，如图 1-4-12 所示。数据门户具有以下特性。

- 内容可嵌入仪表板、电子表格、数据大屏、即席分析、自助取数、数据填报和外部链接 7 种对象。
- 可支持 4 级菜单配置，菜单打开方式支持当前/新窗口打开。
- 支持多种样式、主题配置。
- 支持门户协同编辑、菜单内容授权，权限管控更精细。

2. 订阅

借助订阅功能，用户可以将数据日报定时推送到常用渠道，便捷地掌握数据变动情况，让新的一天从数据开始。另外，也可以将数据定时发送到工作群中，提醒相关人员关注指标信息，大家一起基于数据，制订接下来的行动计划。

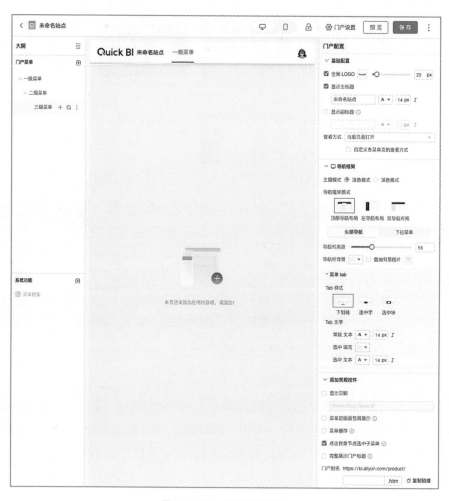

图 1-4-12　数据门户界面

目前，Quick BI 支持通过邮件、钉钉（工作通知+群通知）、企业微信（个人通知+群通知）、飞书（个人通知+群通知）定时向用户推送数据报表。每天早上，企业员工可以及时收到 Quick BI 推送的数据报表、仪表板、电子表格，或是对应数据附件，如图 1-4-13 所示。

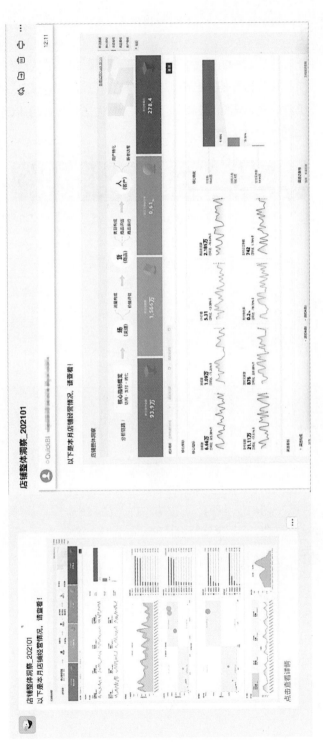

图 1-4-13 Quick BI 订阅示例

3. 监控告警

监控指标用于监控图表中的指标，提供小时、日和月的实时监控。你可以设置告警的接收方式，支持接收告警的方式有邮件、短信、钉钉工作通知、钉钉群、企业微信通知、企业微信群、飞书通知和自定义渠道。当发生告警时，可以通过所设置的方式发送给用户，如图 1-4-14 和图 1-4-15 所示。

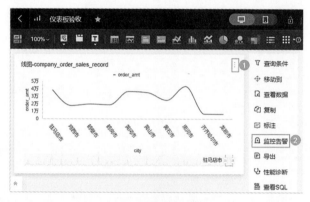

图 1-4-14　监控告警配置入口

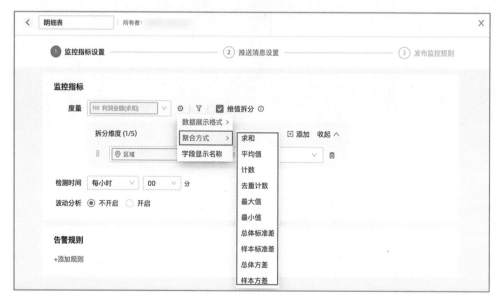

图 1-4-15　监控告警设置

4. 智能搜索

Quick BI 智能搜索功能可以快速定位和直达你关心的作品、功能、工作空间，实现即搜即得的智能化体验。

- 即搜即得：只需要单击搜索框、输入关键词、立即查询，就可以随时随地直达结果。
- 智能推荐：通过内置的分词引擎、拼音引擎，支持发起模糊搜索，为你推荐更丰富的内容。
- 秒级更新：对搜索对象进行新增、修改、删除操作时，大部分情况可以实现秒级更新，少部分情况可以实现分钟级更新。

1.4.4　开放集成

作为 Quick BI 的核心功能之一，开放集成功能包括数据隔离方案、可视化模板、资源集成、安全、系统、业务集成、全链路开放及应用。Quick BI 可贴合不同企业、不同生态伙伴的诉求，被不同程度地集成应用到业务系统及业务场景中。

Quick BI 开放集成体系由登录认证、开放 API、嵌入分析、数据服务、自定义扩展五大产品能力构成，如图 1-4-16 所示。

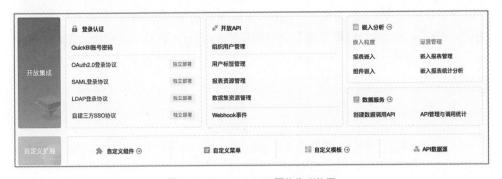

图 1-4-16　Quick BI 开放集成体系

1. 登录认证

Quick BI 提供了 OAuth2.0、SAML、LDAP 等多种主流的安全登录认证方式，可以从登录层与企业 QA、ERP、CRM 等业务系统完成融合。同时支持钉钉、企业微信、飞书等主流的办公 OA 平台的账号登录，丰富的登录策略有助于企业统一看数，提高用数的效率。

2. 开放 API

从组织成员、权限管理到数据精细化管控，Quick BI 提供了 80 多个不同功能、不同应用场景的 API，帮助企业实现人员账号的增/删/改、权限精细化，以及匹配三方系统，大幅降低 IT 运维管理成本。同时面向已构建 SaaS 化产品的企业及生态伙伴开放系统级 API，帮助其更加灵活、个性化地管控不同的租户。

3. 嵌入分析

Quick BI 提供了安全增强的报表嵌入分析方案。

- 支持整张报表嵌入，或以单图表粒度嵌入三方系统。
- 支持仪表板、电子表格、自助取数等报表嵌入三方系统。
- 报表嵌入从开通、报表数据加密认证、嵌入 URL 的生成、防篡改、防分享到报表嵌入关闭，全生命周期地管控报表数据安全。
- 生成的嵌入链接可自适应多种终端设备，支持用户构建 PC 端、移动端、小程序等产品。

4. 数据服务

为了更好地满足企业多场景的业务分析应用，Quick BI 开放了自定义 API 能力，用户可以视需求场景将明细或者汇总数据封装成 API，直接二次应用于企业业务系统，如构建指标管理系统、评论系统等，亦可与企业第三方系统对接，让数据发挥更大价值。

5. 自定义拓展

自定义组件：Quick BI 提供自定义组件能力，同时可兼容 Echarts、MeTabase、AntV 等开源组件，为高度可视化创造无限可能。

自定义菜单：Quick BI 提供了可连接三方系统的通道，让三方系统可以嵌入 Quick BI 内部交互。开发者可以自定义仪表板、图表组件、电子表格的功能菜单项，给企业用户完整的产品体验。如基于 Quick BI 的自定义菜单，对接企业审批系统、指标系统、监控系统等。

1.4.5　配置管理

配置管理是指对 Quick BI 中的组织、用户或者工作空间进行管理、配置。

1. 组织管理

- 组织信息：设置组织名称、组织说明等信息。可基于公司特色自定义当前 Quick BI 组织的系统名、Logo 等，数据平台更加个性化。

- 用户管理：添加或更新成员，包括用户角色、类型、用户组的设置及用户标签管理。支持组织成员的逐个管理及批量管理，兼容支持阿里云账号、钉钉账号、一方自有账号体系；支持组织成员的分角色管理，包括管理员、开发者、分析师、访问者等；支持以用户组的方式管理用户，便于后续批量授权等操作。

- 工作空间管理：设置工作空间信息，包括配置模式、功能权限和偏好，以及管理空间成员。工作空间隔离可针对不同部门/数据对象/人员实现差异化协同分析，管理工作空间内的人员及角色，对工作空间进行转让等。

2. 企业安全

- 集中授权：通过集中授权模块，权限管理员能够看到该组织下所有资源，可以从资源和用户视角进行授权。

  - ➤ 从资源到用户管控权限：能够精细化管控门户数据源、仪表板、电子表格等，从全局视角更安全地进行权限管控。

  - ➤ 从用户的视角管控权限：从用户、用户组两个粒度展示该用户在企业中的权限状态，以及一键同步权限给其他人。

- 协同授权配置：可以授权公开组织级的数据作品和协同授权开关。权限管理员可以一键开启和关闭所有空间的授权入口,也可以配置数据作品的默认权限。

- 水印设置：随着企业业务的数字化和广泛发展，Quick BI 以防篡改、可追溯的信息安全为目的，提供了自定义水印功能。一方面可以防止来自外部的数据篡改或覆盖；另一方面能提高内部员工的数据安全意识，尽可能避免信息泄露，或者便于跟踪追溯。自定义水印可以内置 IP、昵称、账号、当前时间等函数，有效地防止数据泄露；自定义水印设置为强制显示，当企业员工截图或者分享相关资料时，提醒员工这是"绝密资料，禁止外传"。在自定义水印中内置 IP 和账号，在员工泄露内部资料后，可以帮助企业快速定位泄露源和责任人。

3. 办公协同

- 办公软件接入：Quick BI 支持钉钉、企业微信和飞书集成，为企业提供更便捷的办公方式。

  ➢ Quick BI 支持将钉钉用户添加为组织成员。在实际应用时，组织管理员可以绑定 Quick BI 钉钉微应用，并给钉钉接口授权。

  ➢ Quick BI 支持将企业微信用户添加为组织成员。在实际应用时，企业微信管理员（组织管理员）添加自建微应用，并在 Quick BI 上为自建微应用接口授权。

  ➢ Quick BI 支持将飞书用户添加为组织成员。在实际应用时，组织管理员可以绑定 Quick BI 飞书微应用，并给飞书接口授权。

- 机器人渠道：机器人渠道用于管理企业推送的各个渠道，方便与企业联系。为了多渠道为企业发送告警信息和审批通知，Quick BI 新增了以下两个渠道。

  ➢ 钉钉机器人推送消息的渠道，可以创建钉钉机器人渠道，并在指标监控告警中多次引用该机器人，提高添加机器人渠道的效率。

  ➢ 推送消息的渠道可以根据需要配置接收消息的外部端口，测试连通后，推送消息将发送至你配置的外部端口中。

- 类目管理：类目管理主要对组织内的仪表板、电子表格、数据门户、数据大屏和数据填报内容进行分类管理，并按分类目录在钉钉应用或企业微信应用的数据中展示，同时在 PC 端首页业务导航中展示。

- 收藏管理：可以通过手机移动端查看创建好的报表。当报表较多时，业务人员查找比较慢，可以通过收藏管理功能，将指定的报表添加到业务人员的收藏夹中，并设置该报表在移动端默认显示，此时打开微应用即可看到最关心的数据。

- PC 端企业门户定制：企业可以定制属于自己的数据平台首页，通过设置业务类目的方式来有组织地划分报表业务域，或者指定某个数据门户、链接文本等。

- 移动端微应用：移动端底部导航栏默认包含首页、常用、数据和我的 4 个选项，为了个性化地展示移动端报表，Quick BI 推出自定义企业的微应用底部导航。组织管理员可以将长显报表信息配置在自定义导航中，也可以定制推送重要数据。例如，在传统 IT 强管控的组织中，当 IT 部门上新了某个核心指标或者核心报表，希望能够快速通知到所有使用 BI 的人时，可以添加主推报表组、图片 Banner 组和轮播消息。

4. 功能配置

- Quick 引擎：支持 5 种查询加速模式，可搭配使用。
  - ➢ 直连模式（Quick Direct），查询结果可以直接下载到数据源中进行计算，自动启用部分数据源的加速能力，如 Maxcompute 短查询加速。
  - ➢ 实时加速（Quick Accelerator），页面查询时可以将数据加载到内存计算引擎中加快查询速度。
  - ➢ 抽取加速（Quick Index），只需要简单的配置，就可以预先将报表的查询汇总结果计算并且存储在列式数据库中。
  - ➢ 查询缓存，将查询结果进行缓存，后续相同的查询直接使用缓存结果。
  - ➢ 维值加速，对于报表中需要的分组和维度信息从更小的维表中获取，而不需要再对大宽表进行汇总。
- 地图配置：对于一些需要灵活划分业务大区的企业，原本系统默认的地理分区已不能满足要求。Quick BI 推出自定义地理分区，组织管理员可以在中国范围内基于省或者直辖市自定义地理区域，有效划分区域。对于一些自定义经纬度区域的报表分析场景，推出上传 GeoJSON 文件的方式进行区域的设置。
- 主题管理：作为组织管理员，可以选择官方推荐主题或新增自定义主题。若非组织管理员，则可以选择官方推荐主题或已经存在的自定义主题，不能新增自定义主题。
- 系统配置：组织管理员可以配置导出的数据类型和渠道；配置报表全局功能，记住当前组织内所有查询条件；配置全局搜索作品范围。

5. 智能运维

- 资源包管理：资源包可以快速实现跨工作空间、跨环境的批量内容迁移（如在开发环境和生产环境之间）。资源包包含数据源、数据集、仪表板、电子表格、自助取数、数据门户等内容的元数据信息，通过导出资源包再导入资源包的方式在跨环境和跨工作空间场景下进行批量的内容迁移。

- 统计分析：统计分析提供了资源分析、用量分析、用户分析、数据集性能、报表血缘分析等模块。

  - ➢ 资源分析：查看日/月维度的活跃资源情况、统计资源访问量、查询资源操作日志。
  - ➢ 用量分析：查看资源总数、资源容量分布及各类资源详情信息。
  - ➢ 用户分析：查看月维度的活跃用户情况、统计用户访问量、查询用户操作日志。
  - ➢ 数据集性能：查看资源在各工作空间中的查询耗时情况、加速开启情况、访问热度及性能优化建议。

- 报表血缘分析：可以查看数据源&数据表或数据集的报表应用情况，或查看报表（仪表板、电子表格、即席分析、自助取数等）引用的数据源&数据表或数据集情况。

第 2 章 基本操作和可视化图表

本章为读者介绍 Quick BI 的基本操作方法和其所支持的可视化图表组件。

2.1 数据集相关操作

本节为读者介绍 Quick BI 数据集的相关操作，如创建数据集、构建模型、字段配置等。

2.1.1 创建数据集

数据集可通过拖曳数据源中的数据表进行关联建模，也可以通过自定义 SQL 的方式创建数据集，如图 2-1-1 所示。

①"选择数据源"文本框中输入"mysql"，在下方选择"api_test_data_company"数据表。

②将"api_test_data_company"数据表拖入界面中。如果需要构建模型，则可以从左侧面板拖入更多数据表来构建模型。

③查看字段并配置字段，如可单击"批量配置"命令，将"字段类型"修改为"文本"。

④单击"保存"按钮。

⑤单击"开始分析"按钮。

图 2-1-1　创建数据集示例

2.1.2　构建模型

模型构建支持左外连接（LEFT JOIN）、内连接（INNER JOIN）、全连接（FULL JOIN），MySQL 数据源暂不支持全连接，如图 2-1-2 所示。

图 2-1-2　构建模型示例

①"选择数据源"文本框中输入"mysql"，在"数据表"文本框中输入"company"。

②将"company_sales_record"数据表拖入界面中。

③将需关联的数据表"api_test_data_company"拖入界面中。

2.1.3　字段配置

构建好模型后，单击"刷新预览"按钮，可以预览并配置数据。数据集字段配置操作说明如表 2-1-1 所示。

表 2-1-1　数据集字段配置操作

操　　作	说　　明
编辑	修改维度/度量显示名及备注信息。 各个日期粒度字段支持配置默认日期展示格式，例如日粒度的日期字段可配置显示为 2021 年 1 月 1 日或 2021-01-01；周粒度的日期字段支持配置本周开始于周几。 度量字段支持配置默认值显示格式、单位换算方式
隐藏	隐藏字段后，仪表板、电子表格等分析功能使用这个数据集时，不会出现这个字段
维度度量类型切换	设置字段类型。支持日期（源数据格式）、地理信息、文本、数字、图片。 日期字段则可以配置源数据格式，例如源数据格式为 20210101，则选择 YYYYMMDD，该格式会用于后续分析中查询控件传入的日期格式。 当目标字段为日期字段，且需要更改仪表板中的日期显示格式时，请选择目标字段，并在字段编辑界面设置日期显示格式。 当目标字段为省份、城市等地理字段，且该字段用于制作地图图表时，请选择目标字段对应的地理粒度并设置为地理信息。 当目标字段为图片字段（图片字段的存储方式为图片链接 URL），且该字段用于制作交叉表、排行榜或翻牌器中的展示图片时，请设置该字段为图片类型
同步日期粒度	仅支持同步日期字段。 当误删除部分日期粒度字段时，可以单击同步日期粒度，系统自动将源数据的全量日期粒度的字段同步至数据集
复制	快速复制一个字段，生成的维度将会自动带上副本以做提示。 日期字段暂不支持复制，可以转换成文本类型后进行复制
转换为度量/维度	将当前维度字段转换为度量字段，度量字段转换为维度字段
默认聚合方式	仅支持配置度量字段的默认聚合方式。 仪表板分析时，默认以数据集中配置的聚合方式为准

续表

操　作	说　　明
默认展示格式	仅支持配置度量字段的数值展示方式（整数/百分比等） 仪表板分析时，默认以数据集中配置的展示格式为准
新建层级结构	仅维度字段支持基于当前维度创建层级结构。 层级结构：例如省、市、区，可以将这 3 个字段配置为 1 个层级结构，在仪表板中配置下钻时，可自动基于层级结构进行下钻
移动到	快速将维度移动到已有层级结构或者文件夹中
排序	配置默认排序方式 仪表板分析时，默认以数据集中配置的排序为准
删除	删除字段 删除字段后，当需要找回该字段时，可以单击画布中的表，在右侧面板中选择并添加该字段
字段拖动调序	选中字段后，可通过拖动来调整字段顺序

注意事项：

- 当该字段被用于计算字段、分组维度、过滤条件时，不支持修改字段类型、维度或度量转换、删除。

- 暂不支持复制日期字段，可以在将日期字段转换成文本类型后，再复制字段。

当需要编辑的字段较多时，可以批量配置字段：单击"批量配置"命令，同时勾选多个字段的复选框，并在页面底部修改字段配置，如图 2-1-3 所示。

图 2-1-3　批量配置字段示例

2.1.4　新建计算字段

当从数据表中直接获取原始数据需要进行一定加工后才能分析时，可以新建计算字段。单击"新建计算字段"按钮，弹出"编辑计算字段"对话框，如图 2-1-4 和图 2-1-5 所示。

图 2-1-4　新建计算字段入口

图 2-1-5　新建计算字段示例

Quick BI 支持丰富的计算字段，如下所示。

- 聚合：例如，通过客户名称统计客户数，COUNT(DISTINCT [客户名称])。
- 四则运算：例如，计算客单价 [成交金额] / [客户量]。
- 字符的分割与合并：例如，将省份和城市拼接在一起，CONCAT([省份], [城市])。

- 复杂分组：例如，客户等级满足一定条件则定义为 VIP 客户，CASE WHEN [成交金额]>1000 AND [成交笔数]>5 THEN 'VIP' ELSE '普通' END。

2.1.5　新建分组维度

分组维度用于将维度值（也称为维值）分组的场景，例如，对年龄字段分组，分为未成年、青年、中年、老年；或对省、市、区字段进行地理大区分组；或对大促活动阶段日期进行分组等场景。单击"新建分组维度"按钮，弹出"新建分组字段"对话框，设置不同维度，如图 2-1-6 和图 2-1-7 所示。

图 2-1-6　新建分组维度入口

图 2-1-7　新建分组维度示例

2.1.6　过滤

数据分析时如果只需要部分数据，则可以过滤多个字段，满足所有条件的数据会过滤留下用于后续分析。

数据集过滤入口如图 2-1-8 所示，单击"过滤"按钮，设置过滤字段。

图 2-1-8　数据集过滤入口

弹出"数据集过滤条件设置"对话框，单击"过滤字段项"右侧的"+"图标，添加需要过滤的字段，如"区域"字段，过滤方式选择"按枚举过滤"，查询方式选择"单选"，过滤条件选择"华东"；"订单日期（day）"字段，过滤方式选择"日区间"，区间类型选择"时间区间"，过滤条件设置为开始于"T-365"，结束于"T-0"，如图 2-1-9 所示。

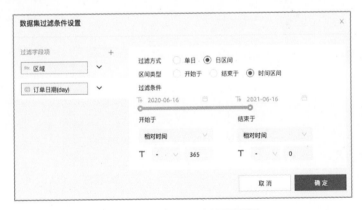

图 2-1-9　数据集过滤配置示例

2.1.7　加速配置

为了更好地优化数据集性能，可以为数据集配置 Quick 引擎，Quick 引擎支持直连模式、抽取加速、实时加速、查询缓存和维值加速 5 种计算模式，加速配置入口如

图 2-1-10 所示，单击数据集加速图标，可以打开 "Quick 引擎" 对话框。

图 2-1-10　加速配置入口

在 "Quick 引擎" 对话框右侧单击 "修改配置" 命令，单击 "开启引擎"，勾选
"按日期加速" 复选框，选择字段 "日期"，输入抽取最新 "1" 分区，单击 "保存"
按钮；在 "查询结果缓存" 右侧单击 "修改配置" 命令，选择 "自定义"，单击 "开
启" 按钮，再单击 "保存" 按钮； 在 "维值加速" 右侧单击 "修改配置" 命令，单
击 "开启" 按钮，数据集维度选择 "渠道类型"，配置表选择 "渠道信息维度表"，配
置表字段选择 "渠道类型"，单击 "保存" 按钮。加速配置示例如图 2-1-11 所示。

图 2-1-11　加速配置示例

2.2　仪表板基本操作

本节为读者介绍仪表板的基本操作与其所支持的图表组件。

2.2.1　仪表板界面介绍

读者可以在如图 2-2-1 所示的 3 个区域，对仪表板进行基本的操作。

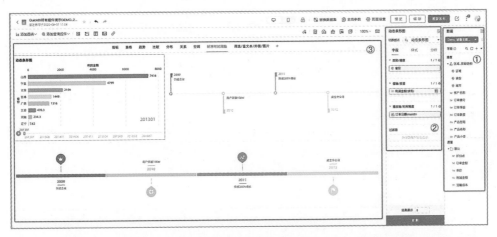

图 2-2-1　仪表板制作示例

①在数据集选择区内切换已有的数据集。数据集中字段按照系统的预设分别展示在"维度"和"度量"列表中。根据数据图表的构成要素，在列表中选择维度和度量字段。

②在仪表板配置区选择需要制作的图表数据，并根据展示需要，编辑图表的显示标题、布局和显示图例等。通过高级功能，可以关联多张图表，多视角展示数据分析结果。还可以设置过滤数据内容，也可以插入一个查询控件，查询图表中的关键数据。

③在仪表板展示区，通过拖曳的方式调整图表的位置，还可以随意切换图表的样式。例如，将柱图切换为气泡地图，系统会根据不同图表的构成要素，提示缺失或错误的要素信息。仪表板还提供了引导功能，供你学习如何制作仪表板。

2.2.2 在仪表板中插入可视化图表

1. 指标类

- 使用场景

多用于某时间段汇总、完成进度、指标及趋势等场景，重点突出企业的业务，通过指标的变化快速判断是否有经营异常。

- 组件优势

  ➢ 计算能力：分析模块支持副指标展示，勾选后即可开启计算同环比、进度完成率。

  ➢ 可视化效果：显示图标 Logo，自定义背景、字体大小、颜色等。

  ➢ 备注能力：可自定义文字、指标等备注信息，可自定义跳转外链路径，实现数据与其他系统之间的交互。

（1）指标看板。

- 组件样例。

指标看板示例如图 2-2-2 所示。

图 2-2-2　指标看板示例

- 适用场景。

指标看板用于清晰、简洁地展示核心指标数据的现状。

- 数据要素。
  - ➢ 看板标签。
  - ➢ 看板指标。

（2）指标趋势图。

- 组件样例。

指标趋势图示例如图 2-2-3 所示。

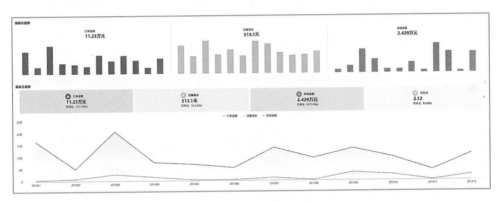

图 2-2-3 指标趋势图示例

- 适用场景。

指标趋势图常用来展示多个指标在一段时间内的变化，可通过指标的变化快速判断是否有经营异常。

- 数据要素。
  - ➢ 日期。
  - ➢ 指标。

（3）进度条。

- 组件样例。

进度条示例如图 2-2-4 所示。

图 2-2-4 进度条示例

- 适用场景。

进度条用来展示某个指标的完成进度。

- 数据要素。
  - ➢ 进度指示。

（4）水波图。

- 组件样例。

水波图示例如图 2-2-5 所示。

图 2-2-5　水波图示例

- 适用场景。

与进度条类似，水波图用来展示某个指标的数值占比。

- 数据要素。
  - ➢ 进度指示。

（5）仪表盘。

- 组件样例。

仪表盘示例如图 2-2-6 所示。

- 适用场景。

仪表盘可以清晰地展示出某个指标值所在的范围。

- 数据要素。
  - ➢ 指针角度。

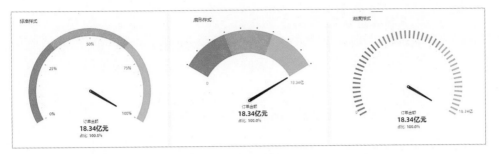

图 2-2-6 仪表盘示例

（6）翻牌器。

● 组件样例。

翻牌器示例如图 2-2-7 所示。

图 2-2-7 翻牌器示例

● 适用场景。

翻牌器用于监控或展示业务的实时数据变化。

● 数据要素。

➢ 展示指标。

2. 表格类

● 使用场景。

用于多维度、多指标交叉分析场景，通过多指标交叉分析并进行决策判断。

● 组件优势。

➢ 计算能力：可以一键配置高级计算，包括同环比、累计计算、百分比、占比、总计和小计。

➢ 可视化效果：设置表格主题、树形展示、冻结、换行、设置列宽等。

➢ 备注能力：可以自定义备注、尾注等信息，自定义跳转外链的路径，实现数据与其他系统之间的交互。

➢ 事件能力：数据反馈填报、钉钉对话唤起等事件。

➢ 条件格式：支持配置文本、背景、图标、色阶、数据条等条件格式，让数据更易读。

➢ 交互操作：维度筛选、指标筛选、表格内筛选。

（1）趋势分析表。

● 组件样例。

趋势分析表示例如图 2-2-8 所示。

						截止日期 2019-07-31		
年度	季度	2018年月度	2019年月度	周	天		年同比	环比
	07-29~08-04	2019-07-25	2019-07-26	2019-07-27	2019-07-28	2019-07-29	2019-07-30	2019-07-31
销售额（元）⊵	7.541万 -	2.237万 -	3.716万 -	1.521万 -	- -	2.006万 -	5.175万 -	15.44万 -
成本额（元）⊵	3.312万 -	1.055万 -	1.421万 -	6863 -	- -	7833 -	2.222万 -	6.931万 -

图 2-2-8　趋势分析表示例

● 适用场景。

常用于宏观指标的分析，可以分析周期性的数据，并对单个指标进一步分析。

● 数据要素。

➢ 日期。

➢ 度量/列。

（2）交叉表。

● 组件样例。

交叉表示例如图 2-2-9 所示。

● 适用场景。

交叉表用来展示表中某个字段的汇总值，例如求和、平均值、最大值和最小值。

● 数据要素。

➢ 行。

➢ 列。

已选字段(5) ▾

日期(month)	201901		201902		201903		
渠道类型/渠道名称	销售额（元）	销售额_SUM_月环比	销售额（元）	销售额_SUM_月环比	销售额（元）	销售额_SUM_月环比	销售额（元）
⊖ 付费渠道	-	-	-	-	-	-	-
品牌专区	-	-	-	-	1.729万	-	4.108万
品销宝	1.923万	-	1583	-91.77%	6.718万	4142.60%	6.041万
天猫客	-	-	-	-	-	-	-
明星店铺	-	-	-	-	2.849万	-	6.029万
智钻	1.859万	-	1.154万	-37.93%	3.74万	224.15%	5.841万
淘宝客	3.561万	-	1.982万	-44.35%	15.62万	688.41%	10.95万
聚划算	1.019万	-	4109	-59.66%	5.7万	1287.11%	7.39万
超级推荐	1.408万	-	4133	-70.65%	5.332万	1189.95%	2.533万
⊖ 免费渠道							
互动吧	4.848万	-	4188	-91.36%	10.91万	2504.82%	30.26万

共 19 条 ＜ 1 ＞ 20 条/页 ∨

图 2-2-9　交叉表示例

（3）明细表。

● 组件样例。

明细表示例如图 2-2-10 所示。

已选字段(6) ▾

日期(day)	渠道类型	渠道名称	成本额（元）	数量（个）	销售额（元）
20190104	直接访问	直接访问	1007	100	1795
20190108	直接访问	直接访问	503.3	50	897.4
20190108	直接访问	直接访问	398.6	50	854.7
20190108	直接访问	直接访问	1594	200	3419
20190109	直接访问	直接访问	1007	100	1795
20190109	直接访问	直接访问	1594	200	3419
20190109	直接访问	直接访问	87.68	11	188
20190110	直接访问	直接访问	797.1	100	1709
20190110	直接访问	直接访问	2013	200	3590
20190110	直接访问	直接访问	797.1	100	1709
20190111	直接访问	直接访问	637.7	80	1368
20190112	直接访问	直接访问	398.6	50	854.7

共 3672 条 1 2 3 4 5 … 184 ＞ 20 条/页 ∨ 跳至 页

图 2-2-10　明细表示例

● 适用场景。

明细表用来展示明细数据。

● 数据要素。

  ➢ 数值列/维度或度量。

3. 趋势类

- 使用场景。

  ➢ 趋势类组件可以显示随时间而变化的连续数据，非常适用于显示在相等时间间隔下数据的趋势。

  ➢ 举例，在折线图中，可以得出数据随时间变化的结论，如数据是否随时间递增或递减、数据是否呈现周期性变化或指数性增长等，也可以进行多条折线图的对比。

- 组件优势

  ➢ 计算能力：可以一键配置高级计算，包括同环比、累计计算等，可以设置智能辅助线、趋势线，快速进行走势预测、异常点检测、波动分析。

  ➢ 可视化效果：支持线图、面积图、堆积面积图、百分比堆积图的绘制，可以显示标签、图例、缩略轴等。

  ➢ 数据对比标注能力：支持对数据进行同期对比，并进行数值标注。

（1）线图。

- 组件样例。

线图示例如图 2-2-11 所示。

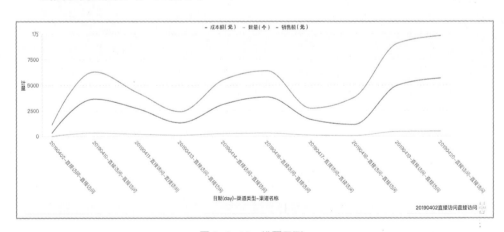

图 2-2-11　线图示例

- 适用场景。

线图用来展示在相等的时间间隔下数据的趋势走向，例如，分析商品销量随时间的变化，预测未来的销售情况。

- 数据要素。
  - ➢ 类别轴。
  - ➢ 值轴。
  - ➢ 颜色图例。

（2）面积图。

- 组件样例。

面积图示例如图 2-2-12 所示。

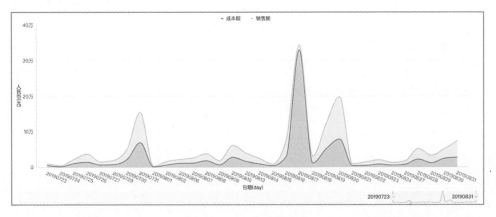

图 2-2-12　面积图示例

- 适用场景。

与线图类似，面积图用来展示在一定时间内数据的趋势走向，以及他们所占的面积比例。

- 数据要素。
  - ➢ 类别轴。
  - ➢ 值轴。
  - ➢ 颜色图例。

（3）堆积面积图。

- 组件样例。

堆积面积图示例如图 2-2-13 所示。

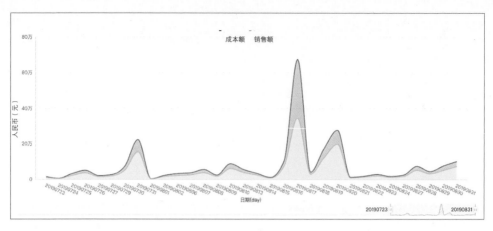

图 2-2-13　堆积面积图示例

- 适用场景。

与面积图类似，但堆积面积图上每一个数据集的起点不同，起点是基于前一个数据集的，用于显示每个数值所占大小随时间或类别变化的趋势线，展示的是部分与整体的关系。

- 数据要素。
  - 类别轴。
  - 值轴。
  - 颜色图例。

（4）百分比堆叠面积图。

- 组件样例。

百分比堆叠面积图示例如图 2-2-14 所示。

- 适用场景。

在层叠面积图的基础上，将各个面积的因变量的数据累加并对总量进行归一化，形成百分比堆叠面积图。

- 数据要素。
  - 类别轴。
  - 值轴。
  - 颜色图例。

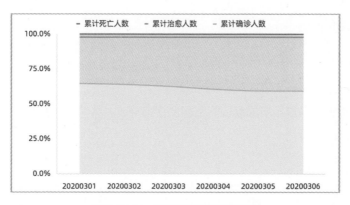

图 2-2-14　百分比堆叠面积图示例

（5）组合图。

- 　组件样例。

组合图示例如图 2-2-15 所示。

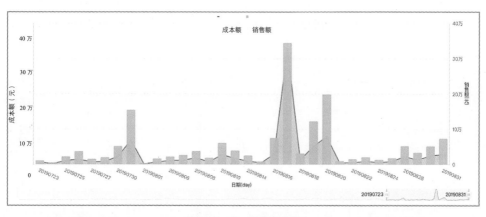

图 2-2-15　组合图示例

- 　适用场景。

组合图支持双轴展示不同量级的数据，并在单边下支持常规线图/柱图/面积图组合、堆积混合和百分比堆积的复杂场景展示。

- 　数据要素。
  - ➢ 主值轴。
  - ➢ 副值轴。
  - ➢ 类别轴。

> 颜色图例。

4. 比较类

- 使用场景。

比较类组件可以显示不同维值的数据聚合结果或占比情况，适用于不同维度结果的对比、占比、排行。

- 组件优势。

> 计算能力：可以一键配置高级计算，包括同环比、累计计算，可以设置智能辅助线、趋势线，快速进行走势预测、异常点检测、波动分析。

> 可视化效果：支持柱图、堆积柱状图、百分比堆积柱状图的绘制，可显示标签、图例、缩略轴等配置。

（1）柱图。

- 组件样例。

柱图示例如图 2-2-16 所示。

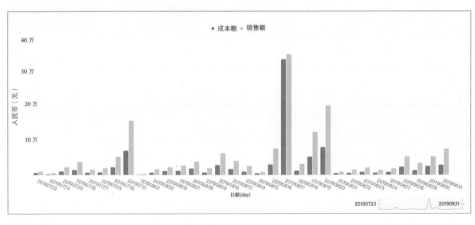

图 2-2-16　柱图示例

- 适用场景。

柱图用来比较各组数据之间的差别，并且可以显示一段时间内的数据变化情况。

- 数据要素。

> 类别轴。

> 值轴。

➢ 颜色图例。

（2）堆积柱状图。

● 组件样例。

堆积柱状图示例如图 2-2-17 所示。

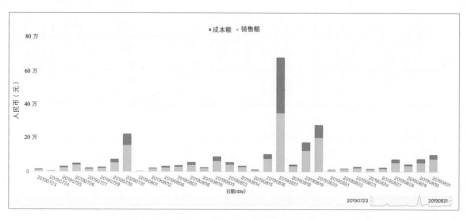

图 2-2-17　堆积柱状图示例

● 适用场景。

堆积柱状图可以形象地展示一个大分类包含的每个小分类的数据，以及各个小分类的占比，显示单个项目与整体之间的关系。

● 数据要素。

➢ 类别轴。

➢ 值轴。

➢ 颜色图例。

（3）百分比堆积柱状图。

● 组件样例。

百分比堆积柱状图示例如图 2-2-18 所示。

● 适用场景。

百分比堆积柱状图的各个层高表示该类别数据占该分组总体数据的百分比。用于形象地展示一个大分类包含的每个小分类的数据，以及各个小分类的占比，显示单个项目与整体之间的关系。

- 数据要素。
  - ➤ 类别轴。
  - ➤ 值轴。
  - ➤ 颜色图例。

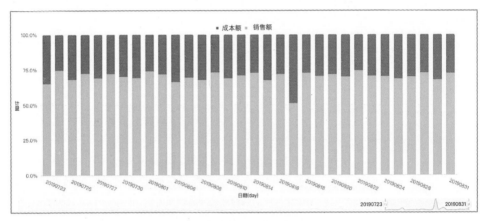

图 2-2-18 百分比堆积柱状图示例

（4）环形柱状图。

- 组件样例。

环形柱状图示例如图 2-2-19 所示。

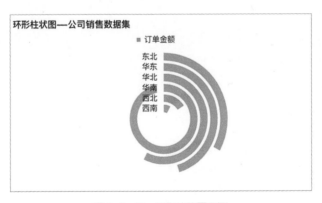

图 2-2-19 环形柱状图示例

- 适用场景。

环形柱状图用来比较各组数据之间的差别，并且可以显示一段时间内的数据变化情况。

- 数据要素。
  - ➢ 类别轴。
  - ➢ 值轴。
  - ➢ 颜色图例。

（5）条形图。

- 组件样例。

条形图示例如图 2-2-20 所示。

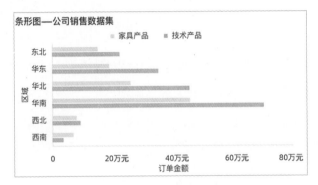

图 2-2-20 条形图示例

- 适用场景。

与柱图类似，条形图用横向的展示方式来比较数据的大小及各项之间的差距。

- 数据要素。
  - ➢ 类别轴。
  - ➢ 值轴。
  - ➢ 颜色图例。

（6）堆积条形图。

- 组件样例。

堆积条形图示例如图 2-2-21 所示。

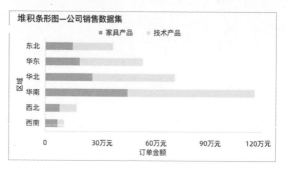

图 2-2-21　堆积条形图示例

- 适用场景。

堆积条形图是将每个条形进行分割，以显示相同类型下各个数据的大小。堆积条形图可以形象地展示一个大分类包含的每个小分类的数据，以及各个小分类的对比，展示单个项目与整体之间的关系。

- 数据要素。
  - ➢ 类别轴。
  - ➢ 值轴。
  - ➢ 颜色图例。

（7）百分比堆积条形图。

- 组件样例。

百分比堆积条形图示例如图 2-2-22 所示。

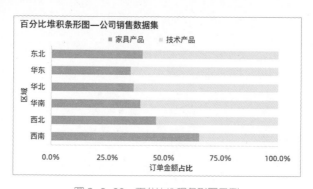

图 2-2-22　百分比堆积条形图示例

- 适用场景。

百分比堆积条形图的各个层宽代表该类别数据占该分组总体数据的百分比。用于形象地展示一个大分类包含的每个小分类的数据，以及各个小分类的占比，展示单个项目与整体之间的关系。

- 数据要素。
  - ➢ 类别轴。
  - ➢ 值轴。
  - ➢ 颜色图例。

（8）排行榜。

- 组件样例。

排行榜示例如图 2-2-23 所示。

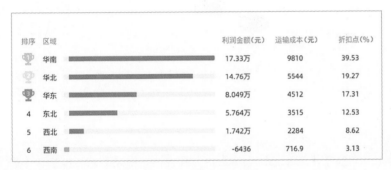

图 2-2-23　排行榜示例

- 适用场景。

排行榜用于展示 TOP *N* 的排行榜数据。

- 数据要素。
  - ➢ 类别。
  - ➢ 指标。

（9）瀑布图。

- 组件样例。

瀑布图示例如图 2-2-24 所示。

- 适用场景。

瀑布图采用起始值与相对值结合的方式，直观地反映数据在不同时期或受不同因素影响下的结果，常用于经营分析和财务分析。

- 数据要素。
  - ➤ 类别轴。
  - ➤ 值轴。

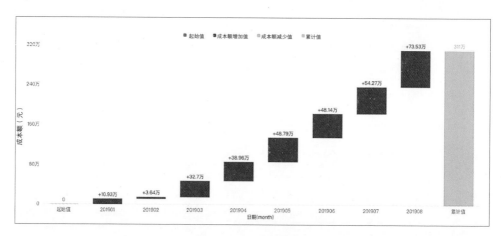

图 2-2-24　瀑布图示例

5. 分布类

- 使用场景。

维值基于指标的汇总或占比结果进行分布显示，用突出、放大等效果进行数据结果表达，多用于维值的分布。

- 组件优势。
  - ➤ 交互操作：可切换指标，配置图表内筛选条件。
  - ➤ 可视化效果：饼形、环形、雷达等样式，并自定义标签显示等。
  - ➤ 备注能力：可配置指标等备注、尾注信息，可配置跳转链接至外部系统进行操作交互。

（1）饼图。

- 组件样例。

饼图示例如图 2-2-25 所示。

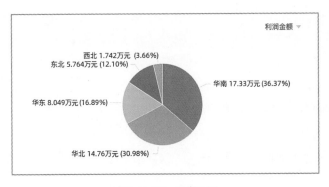

图 2-2-25　饼图示例

- 适用场景。

饼图常用于展示数据中各项的大小与各项总和的比例。

- 数据要素。
  - ➢ 扇区标签。
  - ➢ 扇区角度。

（2）雷达图。

- 组件样例。

雷达图示例如图 2-2-26 所示。

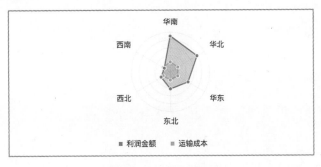

图 2-2-26　雷达图示例

- 适用场景。

雷达图用来展示分析所得的数字或比率，多用于展示维值的分布。

- 数据要素。
  - ➢ 分支标签。

➢ 分支长度。

（3）玫瑰图。

- 组件样例。

玫瑰图示例如图 2-2-27 所示。

- 适用场景。

玫瑰图展示各项数据间的比较情况，多适用于枚举型数据。

- 数据要素。

➢ 扇区标签。

➢ 扇区长度。

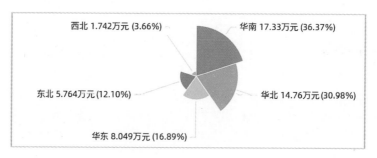

图 2-2-27　玫瑰图示例

（4）矩形树图。

- 组件样例。

矩形树图示例如图 2-2-28 所示。

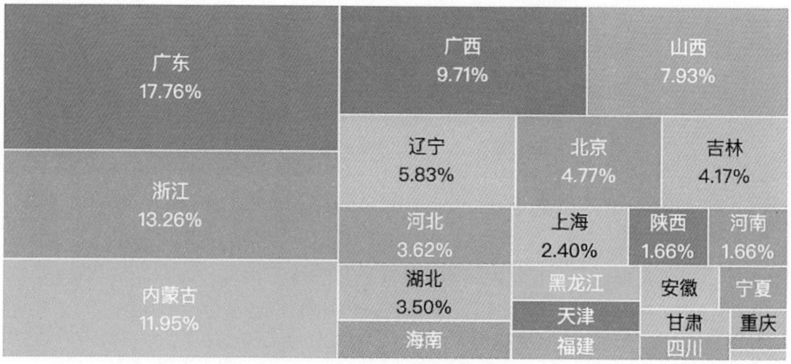

图 2-2-28　矩形树图示例

- 适用场景。

矩形树图描述考察对象间数据指标的相对占比关系，多用于查看维值的分布。

- 数据要素。
  - ➢ 色块大小。
  - ➢ 色块标签。

（5）词云图。

- 组件样例。

词云图示例如图 2-2-29 所示。

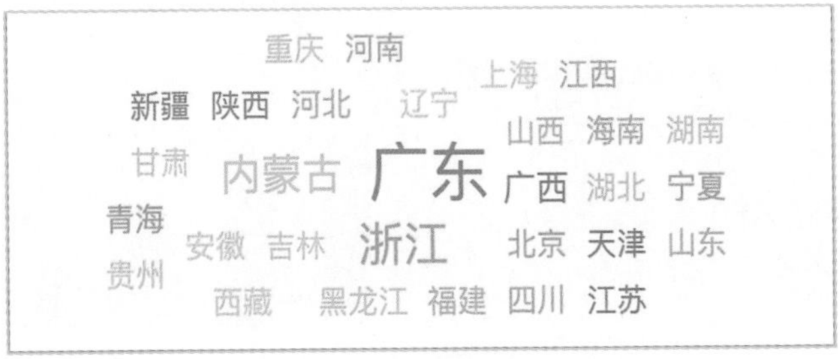

图 2-2-29　词云图示例

- 适用场景。

词云图常用来制作用户画像和用户标签。

- 数据要素。
  - ➢ 词大小。
  - ➢ 词标签。

6. 关系类

- 使用场景。

关系类用于呈现数组之间的关系。

- 组件优势。
  - ➢ 计算能力：自动进行转化率计算、指标排序拆解。
  - ➢ 可视化效果：散点图可基于时间轴进行动态播放。

（1）漏斗图。

- 组件样例。

漏斗图示例如图 2-2-30 所示。

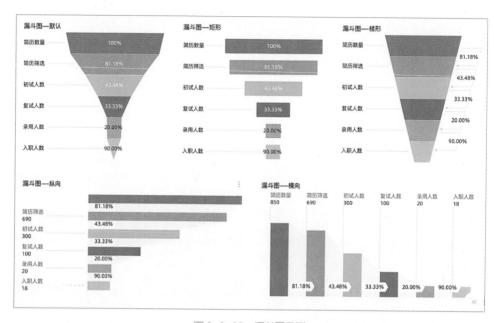

图 2-2-30 漏斗图示例

- 适用场景。

漏斗图展示业务各环节的转化递进情况，例如通过漏斗图可以清楚地展示用户从进入网站到实现购买的最终转化率。

- 数据要素。
  - 漏斗层标签。
  - 漏斗层宽。

（2）对比漏斗图。

- 组件样例

对比漏斗图示例如图 2-2-31 所示。

- 适用场景。

对比漏斗图可以对比两类事物在不同指标下的数据情况，例如对比北京和上海两个城市的流动人口比例、就业率及商品房交易量。

- 数据要素。
  - ➤ 漏斗宽度。
  - ➤ 对比指标。

图 2-2-31 对比漏斗图示例

（3）气泡图。

- 组件样例。

气泡图示例如图 2-2-32 所示。

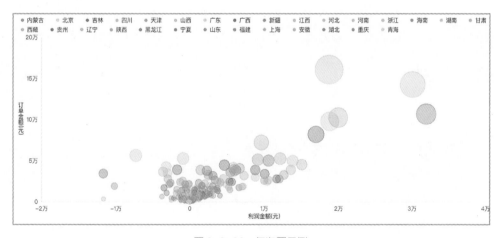

图 2-2-32 气泡图示例

- 适用场景。

气泡图用位置和气泡大小展示数据的分布和聚合情况。

- 数据要素。
  - ➤ Y轴。

> X轴。

> 类别。

> 颜色。

> 尺寸。

> 播放轴。

（4）散点图。

● 组件样例。

散点图示例如图 2-2-33 所示。

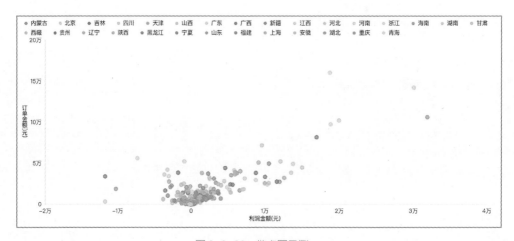

图 2-2-33　散点图示例

● 适用场景。

散点图展示数据的相关性和分布关系。

● 数据要素。

> Y轴。

> X轴。

> 类别。

> 颜色。

> 播放轴。

（5）分面散点图。

● 组件样例。

分面散点图示例如图 2-2-34 所示。

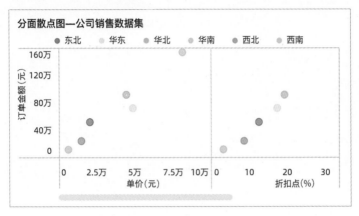

图 2-2-34　分面散点图示例

- 适用场景。

分面散点图展示数据的相关性和分布关系。

- 数据要素。
  - Y 轴。
  - X 轴。
  - 颜色。

（6）来源去向图。

- 组件样例。

来源去向图示例如图 2-2-35 所示。

图 2-2-35　来源去向图示例

- 适用场景。

来源去向图可以展示一组数据的来源、过程、去向和占比情况，多用于分析展现流量流转的运营数据。

- 数据要素。

> ➤ 中心节点。
> ➤ 节点类型。
> ➤ 节点名称。
> ➤ 节点指标。

（7）桑基图。

● 组件样例。

桑基图示例如图 2-2-36 所示。

图 2-2-36　桑基图示例

● 适用场景。

桑基图是一种特定类型的流图，常用于展示流量分布与结构对比。

● 数据要素。

> ➤ 节点类别。
> ➤ 节点高度。

（8）指标拆解树。

● 组件样例。

指标拆解树示例如图 2-2-37 所示。

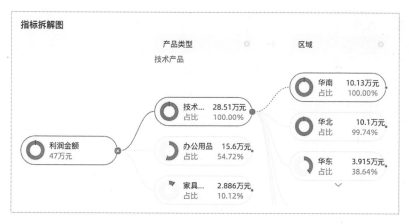

图 2-2-37　指标拆解树示例

- 适用场景。

指标拆解树用于拆解维度和度量，通过维度拆解，可以轻松查看各个部分对整体的贡献。

- 数据要素。
  - ➢ 分析。
  - ➢ 拆解依据。

7. 空间类

- 使用场景。

多用于空间分布的数据展示，例如行政区、地级市、经纬度等。

- 组件优势。
  - ➢ 可视化效果：支持热力、飞行、标记点、区块等样式地图。
  - ➢ 交互操作：可圈选放大地图、指标切换、组件内筛选。

（1）气泡地图。

- 适用场景。

气泡地图直观地显示国家或地区的相关数据指标大小和分布范围。

- 数据要素。
  - ➢ 地理区域。
  - ➢ 气泡大小。

> ➢ 气泡颜色。

（2）色彩地图。

- 适用场景。

色彩地图用色彩的深浅来展示数据的大小和分布范围。

- 数据要素。
  - ➢ 地理区域。
  - ➢ 色彩饱和度。

（3）热力地图。

- 适用场景。

热力地图用热力的深浅来展示数据的大小和分布范围。

- 数据要素。
  - ➢ 地理区域。
  - ➢ 热力深度。

（4）符号地图。

- 适用场景。

符号地图以一个地图轮廓为背景，用附着在地图上的图标或图片来标识数据点。

- 数据要素。
  - ➢ 地理区域。
  - ➢ 工具提示。

（5）飞线地图。

- 适用场景。

飞线地图以一个地图轮廓为背景，用动态的飞线反映两地或者多地之间的数据大小。

- 数据要素。
  - ➢ 飞线度量。
  - ➢ 地理区域（from）。
  - ➢ 地理区域（to）。

8. 时序类

● 使用场景。

时序类常用于展示某一时间段内发生的事件，以及指标随时间的变化情况。

● 组件优势。

　　➢ 可基于时间动态展示指标的变化情况。

（1）时间轴。

● 组件样例。

时间轴示例如图 2-2-38 所示。

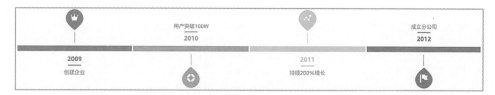

图 2-2-38　时间轴示例

● 适用场景。

时间轴可以动态展示行为、状态的变化。

● 数据要素。

　　➢ 时间轴/时间维度。

　　➢ 节点标签/维度。

　　➢ 节点标签/度量。

（2）动态条形图。

● 组件样例。

动态条形图示例如图 2-2-39 所示。

● 适用场景。

动态条形图可以动态地展示出指标的变化情况。

● 数据要素。

　　➢ 值轴。

　　➢ 类别轴。

　　➢ 播放轴。

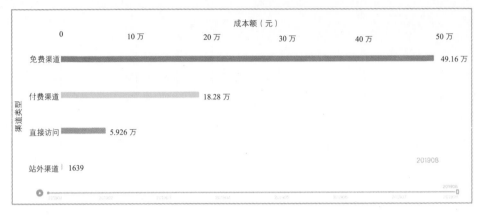

图 2-2-39　动态条形图示例

2.2.3　控件

1. 故事线

可以将在仪表板中创建的图表以故事线的形式展示。

- 使用场景。

多用于展示单个报表中的整体分析思路。

- 配置操作。

组件位置选择：顶部横向/右侧纵向。

> 当配置为顶部横向时,组件样式支持设置为进度条(①)、圆角进度条(②)、章节目录（③）、数据模型（④）和极简风（⑤）,如图 2-2-40 所示。

图 2-2-40　故事线组件样式示例

翻页模式支持设置横向翻页和纵向滚动。

> ➤ 当配置为右侧纵向时，组件样式支持设置为菜单式和 Tab 式。故事线配
> 置示例如图 2-2-41 所示。

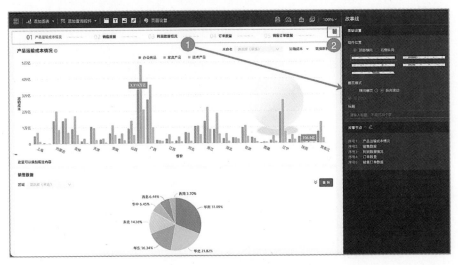

图 2-2-41　故事线配置示例

此外，故事线支持标题自定义，故事节点模式支持自动勾选和手动勾选，故事节点支持文案编辑，如图 2-2-42 所示。

图 2-2-42　故事节点编辑

2. 查询控件

通过查询控件可以生成一个或多个查询条件，帮助你查询单个或多个图表中的数据，如图 2-2-43 所示。一个仪表板中可以添加多个查询控件，但只支持置顶一个查询控件。

查询控件展示类型可以分为日期选择、数值输入框、文本输入框、下拉列表、树形下拉等，如图 2-2-44 所示。

图 2-2-43 查询条件配置示例

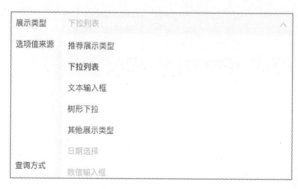

图 2-2-44 展示类型

3. 复合查询控件

复合查询控件支持多层嵌套的或、且关系，以实现对同源数据集下图表组件的复合查询, 如图 2-2-45 所示。

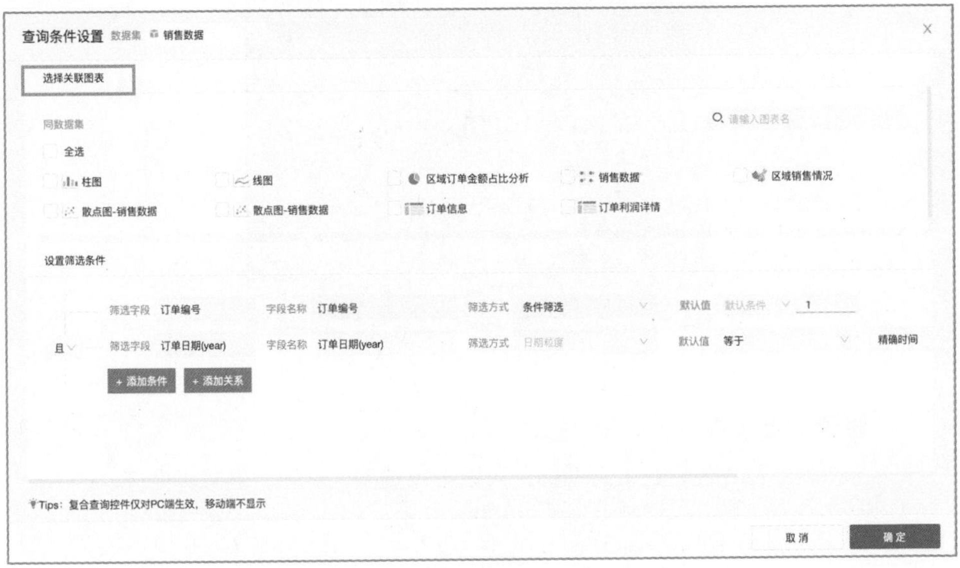

图 2-2-45　复合查询控件配置示例

4. Tab 控件

通过添加 Tab 控件, 可以在仪表板中以标签页的形式展示多张图表。

- 编辑 Tab 控件。
  - ➢ 自定义 Tab 标签页名称。
  - ➢ 新增 Tab 标签页。
  - ➢ 调整标签页位置。
  - ➢ 复制当前 Tab 标签页。
  - ➢ 删除当前 Tab 标签页。
- 设置 Tab 控件样式。
  - ➢ 在标题与卡片中, 配置标题、Tab 样式、备注和尾注等信息。
  - ➢ 在标签中, 设置 Tab 标签页: 新增 Tab 标签 (①)、插入查询条件 (②)、复制 (③)、隐藏 (④)、删除 (⑤)、调整 Tab 标签顺序 (⑥), 如图 2-2-46 所示。

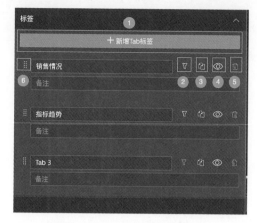

图 2-2-46 Tab 标签配置说明

- 管理 Tab 控件
  - ➤ 单击 Tab 控件右上方图标，可以进行复制、粘贴、删除等操作。

5. 富文本控件

富文本可以输入固定文本，也支持插入指标，实时呈现指标变化情况，如图 2-2-47 所示。

图 2-2-47 富文本编辑示例

6. 图片控件

图片控件支持上传本地图片或通过图片链接上传，还可进行显示方式的选择与跳转链接的设置，插入图片控件示例如图 2-2-48 所示。

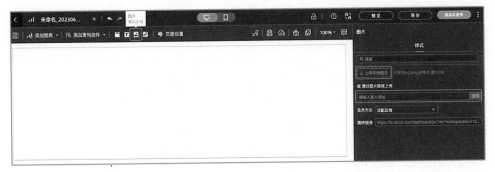

图 2-2-48 插入图片控件示例

7. 内嵌页面控件

内嵌页面可以在仪表板中插入网页，通常用于实时查询网络数据或浏览有关当前数据的网页，如图 2-2-49 所示。

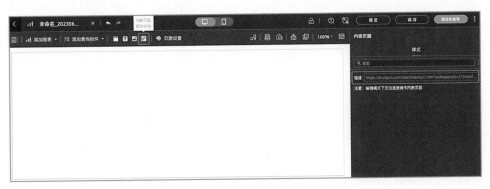

图 2-2-49 插入内嵌页面示例

内嵌页面管理支持移动、复制、粘贴、区块嵌入、性能诊断、删除等操作。

2.2.4 交互分析

1. 钻取、联动和跳转

为便于多维数据分析，Quick BI 提供了钻取、联动和跳转功能。

- 钻取：单击仪表板中某个区域或字段时，维度的层次会发生变化，从而变换分析的粒度。
- 联动：单击仪表板中某个图表的某个区域或字段时，仪表板中和这个图表相关的其他图表的内容会发生联动变化。

- 跳转：单击仪表板中某个图表的某个字段时，会跳转到与被单击部分相关联的报表。跳转有参数跳转和外部链接两种方式，参数跳转需结合全局参数使用。

2. 多维度可视化分析

圈选功能可以一次性选择多个维值进行可视化分析。

- 只看：可以通过圈选交互，只查看局部选中的数据。
- 排除：可以通过圈选交互，去除一些异常点或者噪点。
- 查看数据：可以通过圈选局部区域，查看数据的明细情况。
- 标注：可以通过选中目标位置，添加标注。

此外，通过圈选钻取功能，可以同时圈中多个维值，并查看第二层级的数据；通过圈选联动功能，可以同时圈中多个维值，并作用于其他图表，进行数据分析；通过圈选跳转功能，可以同时圈中多个维值，在跳转时作用于下一个报表。

3. 事件

在 Quick BI 中，交叉表支持数据填报和钉钉两种事件。在交叉表中添加数据填报事件时，可以将数据内容录入到目标数据库中，完成数据填报。在交叉表中添加钉钉事件时，可以在移动端将数据内容通过 Ding、待办、日程方式发送给钉钉用户。

2.2.5 图表分析

Quick BI 提供了图表分析的自动化组件供你进一步分析。

- 标注：可以使用图标、背景色及维值颜色高亮的方式来对图表中的特定部分进行标注。
- 数据对比分析：在线图组件中，当类别轴/维度有且仅有一个日期类型字段时，可以添加数据对比功能，可选去年同期、上月同期、上周同期、前一天、自选结束日期等。
- 字段过滤：在制作仪表板或电子表格时，如果数据量较大，则可以启用过滤器功能，将需要的某一类或者某几类数据从数据集中过滤出来。过滤器可以过滤字符类、数值类和日期类的数据。
- 数据排名：数据排名是按数据大小进行排名的，便于用户进行数据大小的比较。在数据分析中，可以查看度量的排名，帮助决策。

- Top *N*：Top *N*（快速过滤）是对从数据库返回的结果根据数值大小进行过滤，便于用户筛选数据，快速挑选出最大或者最小的若干条数据。在数据分析中，可以通过维度或度量进行筛选，进行不同粒度的细分，以帮助决策。
- 百分位：百分位计算是对从数据库返回的结果进行百分位形式的排名，便于用户观察某个数据在整组数据中的位置。
- 累计计算：累计计算是对从数据库返回的结果进行逐个累计，便于用户直观观察度量指标的增加过程。
- 日期累计：当你未配置同环比时，可对求和指标的字段配置累计计算，可以选择月累计、季度累计、当年累计、历年累计等。
- 同环比：当配置了查询控件后，可进行同环比的配置。环比是与上一个统计周期相比的变化比；同比是与去年同时期相比的变化比。日期字段同环比支持情况如表 2-2-1 所示。

表 2-2-1　日期字段同环比支持情况

日期字段类别	示　　例	同环比说明
年粒度字段	订单日期（year）	• 年环比：今年与去年比较，例如 2021 年与 2020 年相比较
季粒度字段	订单日期（quarter）	• 季环比：本季度与上个季度相比较，例如 2021 年 Q1 与 2020 年 Q4 相比较。 • 年同比：本季度与去年同季度比较，例如 2021 年 Q1 与 2020 年 Q1 相比较
月粒度字段	订单日期（month）	• 月环比：本月与上个月相比较，例如 2021 年 1 月与 2020 年 12 月相比较。 • 年同比：本月与去年同月比较，例如 2021 年 1 月与 2020 年 1 月相比较
周粒度字段	订单日期（week）	• 周环比：本周与上周相比较，例如 2021 年第 2 周与 2021 年第 1 周相比较。 • 年同比：本周与去年同一周比较，例如 2021 年第 1 周与 2020 年第 1 周相比较
日粒度字段	订单日期（day）	• 日环比：今天与昨天相比较，例如 2021 年 1 月 13 日与 2021 年 1 月 12 日相比较。 • 周同比：今天与上周同一天相比较，例如 2021 年 1 月 13 日与 2021 年 1 月 6 日相比较。

续表

日期字段类别	示　　例	同环比说明
日粒度字段	订单日期（day）	• 月同比：今天与上个月同一天比较，例如 2021 年 1 月 13 日与 2020 年 12 月 13 日相比较。 • 年同比：今天与去年同一天比较，例如 2021 年 1 月 13 日与 2020 年 1 月 13 日相比较
时、分、秒、年月日时分秒字段	订单日期（hour） 订单日期（minute） 订单日期（second） 订单日期（ymdhms）	支持自定义配置同环比

- 数据排序：排序包含按照字段排序和按照总和排序两种类型。按照字段排序时，Quick BI 按照某个字段的顺序排列；按照总和排序时，Quick BI 会先将字段分组求和再排序，你可以查看某组数据总和的排序。
- 分析预警：分析预警支持从多个角度对当前数据进行分析，通过该功能可以直观了解数据的变化趋势和异常点。分析预警目前支持辅助线、趋势线、预测、异常检测、波动原因和聚类 6 种分析方式。
  - ➢ 通过辅助线可以查看当前度量值与辅助线设定值之间的差异。辅助线设定值分为固定值和计算值两种。计算值包含平均值、最大值、最小值和中位数 4 类。
  - ➢ 通过趋势线可以展示当前数据的整体发展趋势。趋势线分为智能推荐、线性、对数、指数、多项式和幂函数 6 种。
  - ➢ 通过预测可以查看当前数据的发展趋势，对数据进行分析预测。
  - ➢ 通过异常检测可以查看当前数据的异常数据点。
  - ➢ 波动原因分析是通过机器智能算法自动拆解、分析核心指标波动的原因，可以拆解维度或度量来分析波动原因。
  - ➢ 自动拆解的分析结果以文字形式呈现，让数据在企业中流动起来，真正把数据贯穿在业务决策的过程中。

2.2.6　仪表板管理

- 管理企业推荐主题：如果你是组织管理员，则可以选择官方推荐主题或新增自定义主题；如果你是非组织管理员，则可以选择官方推荐主题或已经存在的自定义主题。主题配置说明如表 2-2-2 所示。

表 2-2-2　主题配置说明

区　域	图表配置项		配置项说明
全局样式	主题模式		支持浅色和深色模式
	图表色系		支持系统配置模板色系及自定义色系
	渐变色彩样式		可以勾选渐变色样式，实现主题渐变的效果
	页面字体		配置图表页面字体类型
	卡片圆角		配置图表卡片边角弧度，支持无圆角、小圆角或大圆角
	间距		支持紧凑、常规和自定义 3 种方式
	卡片间间距		仅在间距选择自定义方式下可以设置，调整卡片行间距及列间距
	卡片内边距		仅在间距选择自定义方式下可以设置，调整卡片内上下左右边的距离
页面布局	页面信息		支持配置页面标题区内容、故事大纲、页尾内容
	页面背景		配置背景颜色，支持纯色、渐变两种方式，选择是否叠加背景图片
	页面宽度		支持自适应、固定两种方式
	页边距		页边距可以选择常规、超宽页面及自定义 3 种方式
仪表板背景	顶部图片和底部图片		选择图片时，可以选择已有图片或自定义图片，并配置内容区域边距间隙
仪表板组件	标题	文本	设置图表标题的字号和对齐方式
		分割线	设置标题分割线颜色、宽度
		自定义标题背景	支持配置标题的背景及标题区域位置。选择单色时，可以配置背景颜色。选择渐变色时，可以配置渐变配色和渐变角度。选择自定义时，可以选择使用素材或自定义图片。标题区域位置支持图表内部、图表边缘和图表上方
		操作图标	可以在此选择操作图标的颜色
		Tab 控件内图表操作图标	可以在此选择 Tab 控件内操作图标的颜色
	背景样式	填充	设置背景是否显示填充颜色
		边框	设置背景是否显示边框及边框颜色
		显示阴影	设置背景是否显示阴影
表类样式	样式设置		在此设置样式，支持斑马线、线框、简版、极简 4 种样式
	主色系		在此设置主色系，支持主题色、灰色、自定义 3 种色系

区 域	图表配置项	配置项说明
	表头	设置表头字体大小、颜色等
	内容	设置内容字体大小、颜色等
Tab 控件	Tab 控件选中样式	在此设置 Tab 控件选中样式，支持下画线、分割线、选中时是哪种样式
	标签样式	在此设置标签字号大小、默认态样式、选中态样式
	显示 Tab 控件内部可视化卡片边框	设置是否显示 Tab 控件内部可视化卡片边框，支持选择颜色
查询控件	显示查询控件边框	设置是否显示查询控件边框，支持选择颜色
	条件标题	在此设置条件标题的字体颜色
	交互按钮	在此设置交互按钮颜色

- 管理仪表板：可以进行仪表板的查看、移动、分享、发布渠道、公开、复制、转让和重命名、协同授权、收藏、删除及重命名等操作。
- 发布仪表板：为提升用户体验，在仪表板的保存发布机制中将保存与发布功能拆分，支持单独保存，以及保存并发布、下线、重新发布等功能。
- 分享仪表板：仪表板创建完成后，除了创建数据门户，还可以通过公开、分享或协同编辑的操作，分享仪表板给其他成员查看。
  - 公开：公开报表后，系统会自动生成 URL 链接，此时该链接可以被所有人访问，且无须登录阿里云账号。可选择公开截止日期，以及是否生成新链接。
  - 分享：可以通过分享功能，将指定仪表板分享给特定的人。可选择授权用户、授权类型及有效期。
  - 协同编辑：可以在群空间完成多人协调编辑仪表板的操作。可选择授权给空间成员或指定人员进行编辑。

2.3 电子表格

2.3.1 电子表格制作

可以在工具栏、创作区、数据面板 3 个区域，对电子表格进行基本的操作，如图 2-3-1 所示。

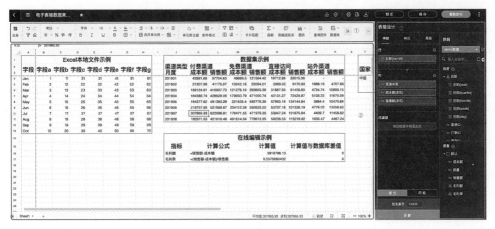

图 2-3-1　电子表格制作示例

①工具栏：选择要制作的数据图表，并且根据展示需要，设置文件、编辑、格式、数据、查看、查询控件等多种操作。

②创作区：按照单元格展示和引用数据，完成数据的再加工。

③数据面板：支持切换已有的数据集，并且每个数据集的数据类型都会按照系统的预设，分别列在"维度"和"度量"列表中。可以根据数据图表所提供的数据要素，在列表中选择需要的维度和度量字段。

电子表格数据来源有多种形式，如图 2-3-2 所示。

①导入：支持导入本地.xlsx 格式文件后进行再加工。

②插入数据集—数据集表格：可将完整的数据集插入电子表格中进行加工，自由选择维度和度量字段作为行或列。

③插入数据集—自由式单元格：可将数据集的某个字段拖曳到任意单元格，进行复杂表格的设计，布局灵活。

④不引用任何数据，直接在线进行数据编辑。

注：导入本地.xlsx 文件后会覆盖当前表格所有数据，故若有场景需要进行多项数据引用，则需先将文件导入，再进行数据集的引用或其他自由加工操作。

Excel本地文件示例

字段	字段a	字段b	字段c	字段d	字段e	字段f	字段g
Jan	1	11	21	31	41	51	61
Feb	2	12	22	32	42	52	62
Mar	3	13	23	33	43	53	63
Apr	4	14	24	34	44	54	64
May	5	15	25	35	45	55	65
Jun	6	16	26	36	46	56	66
Jul	7	17	27	37	47	57	67
Aug	8	18	28	38	48	58	68
Sep	9	19	29	39	49	59	69
Oct	10	20	30	40	50	60	70

①

数据集示例

渠道类型	付费渠道		免费渠道		直接访问		站外渠道	
月度	成本额	销售额	成本额	销售额	成本额	销售额	成本额	销售额
201901	42881.88	97704.63	49689.5	121594.42	16712.88	33015.35		
201902	21307.96	41179.87	10242.16	23094.01	2963.02	6170.93	1888.16	4707.89
201903	169124.61	416907.73	121275.19	293603.36	31887.93	61458.93	4734.74	10899.15
201904	164388.74	428929.06	179950.79	471000.74	40131.27	72429.87	5108.22	11670.09
201905	194377.62	481380.29	221635.4	592778.36	67993.18	134144.84	3884.4	10470.69
201906	218757.65	521889.87	204112.39	550625.02	53737.18	101336.19	4776.02	13258.62
201907	307865.93	622998.81	176471.55	471976.35	53947.24	110675.84	4409.7	11458.62
201908	182811.63	421616.46	491614.84	778612.95	59255.53	115218.92	1839.47	4467.24

②

自由式单元格示例

国家	成本额	销售额	毛利额
中国	3109576.78	7028372.91	3918796.13
	数量	243212	毛利率 0.557568

③

在线编辑示例

指标	计算公式	计算值	计算值与数据库差值
毛利额	=销售额-成本额	3918796.13	0
毛利率	=(销售额-成本额)/销售额	0.5575680432	0

④

图 2-3-2　电子表格数据来源示例

2.3.2　在电子表格中插入可视化图表

在电子表格中，可以基于数据集中的数据插入图表。电子表格目前支持线图、柱图、饼图、仪表盘、分面散点图、漏斗图、雷达图、玫瑰图 8 种图表。

1. 线图

线图示例如图 2-3-3 所示。

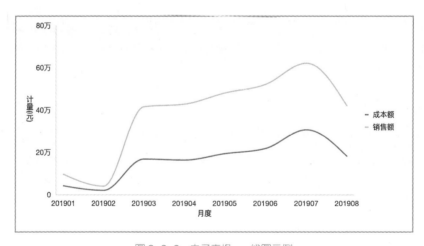

图 2-3-3　电子表格——线图示例

线图可选样式：曲线、直线。

2. 柱图

柱图示例如图 2-3-4 所示。

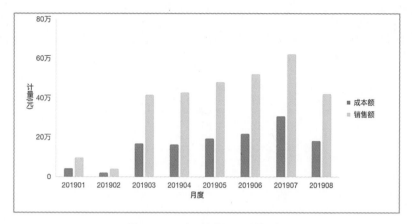

图 2-3-4　电子表格——柱图示例

柱图可选样式：堆积、百分比堆积。

3. 饼图

饼图示例如图 2-3-5 所示。

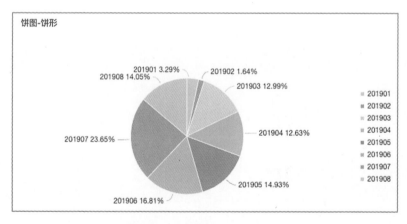

图 2-3-5　电子表格——饼图示例

饼图可选样式：饼形、环形。

4. 仪表盘

仪表盘示例如图 2-3-6 所示。

仪表盘可选样式：标准、扇形、刻度。

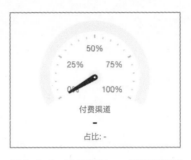

图 2-3-6　电子表格——仪表盘示例

5. 分面散点图

分面散点图示例如图 2-3-7 所示。

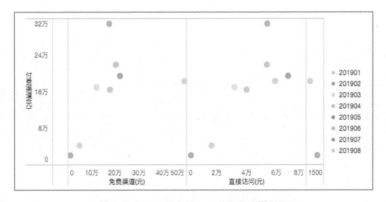

图 2-3-7　电子表格——分面散点图示例

6. 漏斗图

漏斗图示例如图 2-3-8 所示。

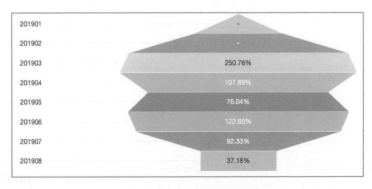

图 2-3-8　电子表格——漏斗图示例

漏斗图可选样式：标准（默认/矩形/完美梯形）、转化分析（横向/纵向）。

7. 雷达图

雷达图示例如图 2-3-9 所示。

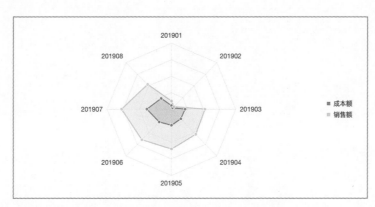

图 2-3-9　电子表格——雷达图示例

雷达图可选样式：多边形、圆形。

8. 玫瑰图

玫瑰图示例如图 2-3-10 所示。

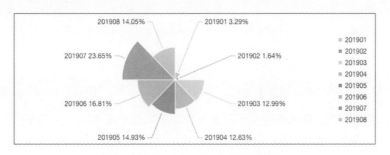

图 2-3-10　电子表格——玫瑰图示例

玫瑰图可选样式：多边形、圆形。

9. 柱图设计示例

以柱图为例，可以为图表进行如下设计，如图 2-3-11 所示。

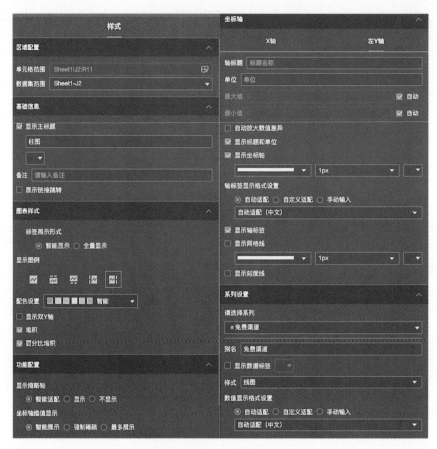

图 2-3-11 电子表格柱图设计示例

（1）区域配置：进行单元格范围设置、数据集范围选择。

（2）基础信息：是否显示主标题；修改主标题及颜色；输入备注；展示跳转链接。

（3）图表样式：选择标签展示形式为智能显示或全量显示；显示图例位置在上/下/左/右或不显示；配色选择或自定义；是否显示双 Y 轴；是否选择堆积或百分比堆积。

（4）功能配置：显示缩略轴为智能适配或显示/不显示；坐标轴维值显示为智能展示或强制稀疏/最多展示。

（5）坐标轴：轴标题设置、单位设置、最大/最小值设置；是否自动放大数值差异、是否显示标题和单位、是否显示坐标轴（实线/虚线、粗细、颜色）；轴标签显示格式设置、是否显示轴标签、是否显示网格线（实线/虚线、粗细、颜色）、是否显示刻度线。

（6）系列设置：选择系列、设置别名；是否显示数据标签、设置样式；数值显示格式设置。

2.3.3　数据面板配置操作

电子表格数据面板（表格设计）配置示例如图 2-3-12 所示，可以进行如下操作。

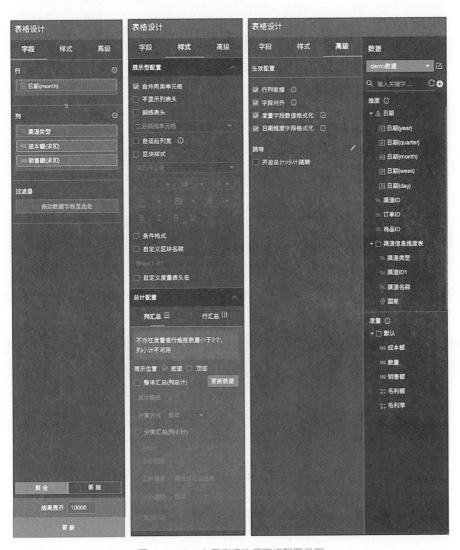

图 2-3-12　电子表格数据面板配置示例

（1）字段。行：拖入字段成为行头；列：拖入字段成为列头；过滤器：拖入字段，进行数据过滤/筛选；聚合/明细：展示聚合数据或明细数据；结果展示：设置展示的数据数量。

（2）样式。展示型配置：是否合并同类单元格、不显示列表头、是否使用斜线表头（二分斜线或三分斜线）、是否自适应列宽、设置区块样式、设置条件格式、设置自定义区块名称、设置自定义度量表头名；总计配置：列汇总（底部/顶部、整体汇总/分类汇总）、行汇总（左侧/右侧、整体汇总/分类汇总）。

（3）高级。是否行列收缩、是否字段对齐、是否度量字段数值格式化、是否日期维度字段格式化；是否开启总计/小计跳转。

（4）数据。选择数据集、编辑数据集；搜索字段、刷新数据集、新建计算字段/分组维度/维度组；拖动维度字段、复制转度量；拖动度量字段、复制转维度。

2.3.4 电子表格管理

可以在电子表格的管理页面进行如下操作。

（1）管理电子表格：编辑、查询、转让和重命名、协同授权、分享、移动、删除。

（2）管理电子表格列表：新建文件夹、重命名文件夹、移动文件夹、删除文件夹。

2.4 数据大屏

2.4.1 数据大屏制作

数据大屏产品界面示例如图 2-4-1 所示，可以在 7 个区域进行如下操作。

（1）工具栏。在工具栏进行自定义大屏名称、收藏、撤销、重做、协同授权、抢锁、帮助、调整比例等操作。

（2）组件库。提供 6 种类型的图表，以及丰富的文本、媒体、交互控件、素材，满足多样化大屏搭建需求。

（3）页面配置区。支持添加页面、设置页面轮播和删除页面。

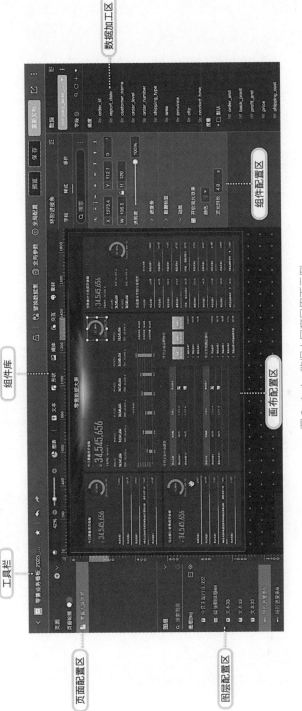

图 2-4-1　数据大屏产品界面示例

（4）图层配置区。支持多图层；可配置图层组、图层轮播、锁定和隐藏图层等。

（5）画布配置区。支持调整画布布局，并对组件进行剪切、复制、锁定、隐藏、组合等操作。

（6）组件配置区。支持为配置添加数据并配置组件样式。

（7）数据加工区。支持选择数据集、添加数据、修改数据格式、加工数据等。

2.4.2　在数据大屏中插入可视化图表

1. 翻牌器

- 组件样例。

翻牌器示例如图 2-4-2 所示。

图 2-4-2　翻牌器示例

- 适用场景。

翻牌器多用于展示单个指标的场景，重点突出企业或业务数据，可以通过指标的变化快速判断是否有经营异常。

2. 阈值翻牌器

- 组件样例

阈值翻牌器示例如图 2-4-3 所示。

白班熟料产能(kg)	中班熟料产能(kg)	晚班熟料产能(kg)
66.66% ▲	66.66% ▼	66.66% ▲

图 2-4-3　阈值翻牌器示例

- 适用场景。

阈值翻牌器多用于展示指标的同环比变化情况，可以通过指标的变化判断经营情况。

3. 进度条

* 组件样例

进度条示例如图 2-4-4 所示。

图 2-4-4　进度条示例

* 适用场景。

进度条可以直观地表现出某个指标的进度，主要用于进度的展现。

4. 环形进度条

* 组件样例。

环形进度条示例如图 2-4-5 所示。

图 2-4-5　环形进度条示例

* 适用场景。

环形进度条可以直观地展现出某个指标的进度。

5. 排行榜

* 组件样例。

排行榜示例如图 2-4-6 所示。

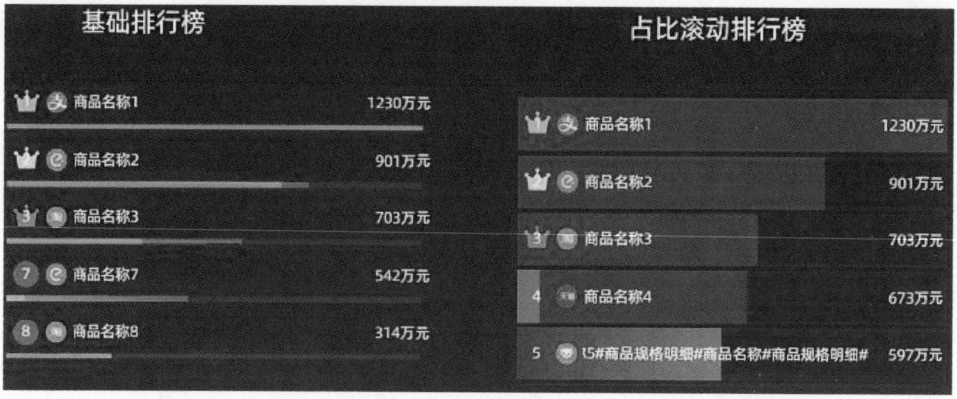

图 2-4-6　排行榜示例

- 适用场景。

排行榜一般反映指标在维度中的分布及排名顺序，简洁地展示 TOP *N* 的降序排行。

6. 明细表

- 组件样例。

明细表示例如图 2-4-7 所示。

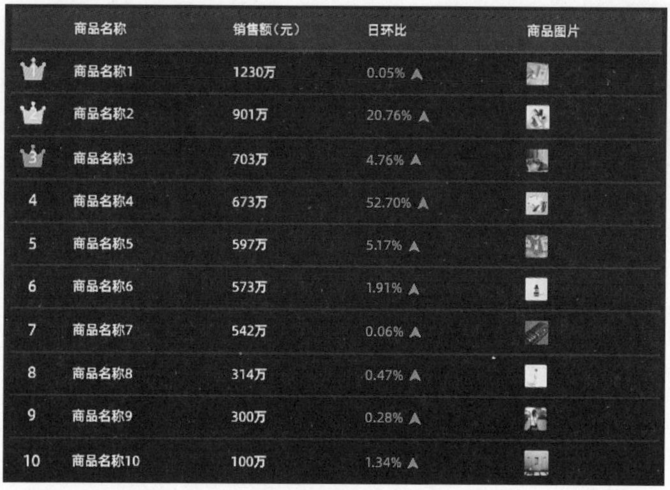

	商品名称	销售额（元）	日环比	商品图片
1	商品名称1	1230万	0.05%	
2	商品名称2	901万	20.76%	
3	商品名称3	703万	4.76%	
4	商品名称4	673万	52.70%	
5	商品名称5	597万	5.17%	
6	商品名称6	573万	1.91%	
7	商品名称7	542万	0.06%	
8	商品名称8	314万	0.47%	
9	商品名称9	300万	0.28%	
10	商品名称10	100万	1.34%	

图 2-4-7　明细表示例

- 适用场景。

明细表一般反映指标在维度中的分布及排名顺序。

7. 线图

- 组件样例。

线图示例如图 2-4-8 所示。

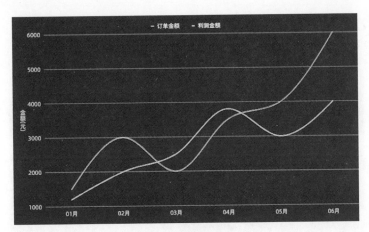

图 2-4-8　线图示例

- 适用场景。

线图适用于分析数据随时间变化的趋势。

8. 面积图

- 组件样例。

面积图示例如图 2-4-9 所示。

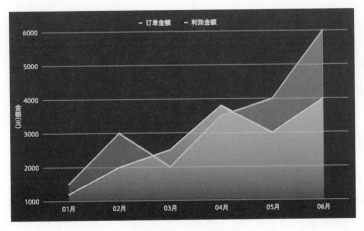

图 2-4-9　面积图示例

- 适用场景。

面积图可用来展示在一定时间内数据的趋势走向，以及它们所占的面积比例。

9. 堆积面积图

- 组件样例。

堆积面积图示例如图 2-4-10 所示。

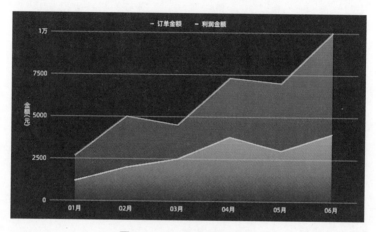

图 2-4-10　堆积面积图示例

- 适用场景。

堆积面积图可用来展示在一定时间内数据的趋势走向，以及它们所占的面积比例。

10. 组合图

- 组件样例。

组合图示例如图 2-4-11 所示。

- 适用场景。

组合图支持双轴展示不同量级数据，可以在单坐标轴下同时展示常规线图、柱图和面积图组合，也支持展示堆积混合和百分比堆积的复杂场景。

11. 柱图

- 组件样例。

柱图示例如图 2-4-12 所示。

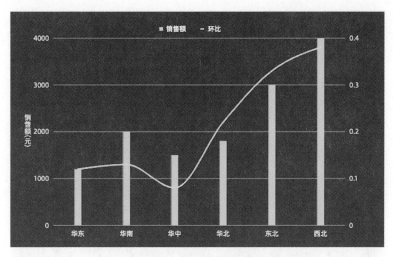

图 2-4-11 组合图示例

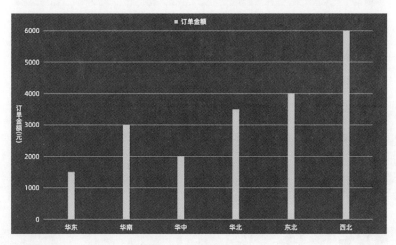

图 2-4-12 柱图示例

- 适用场景。

柱图可以展示每项数据在一段时间内的趋势及数据间的比较情况。

12. 堆积柱图

- 组件样例。

堆积柱图示例如图 2-4-13 所示。

- 适用场景。

堆积柱图可以展示每项数据在一段时间内的趋势，以及数据间的比较情况。

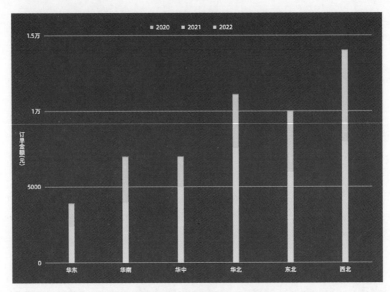

图 2-4-13　堆积柱图示例

13. 条形图

- 组件样例。

条形图示例如图 2-4-14 所示。

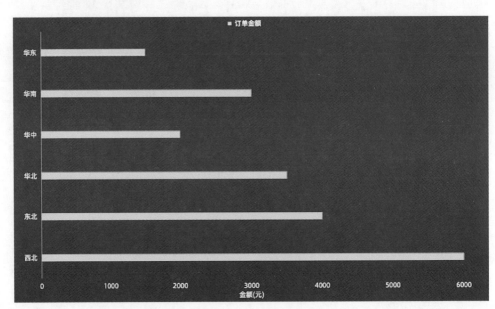

图 2-4-14　条形图示例

- 适用场景。

条形图适合用于展示二维数据集，展示数据的分布情况，其中一个轴表示需要对比的分类维度，另一个轴表示相应的数值，例如水平轴展示月份，垂直轴展示商品销量。

14. 堆积条形图

- 组件样例。

堆积条形图示例如图 2-4-15 所示。

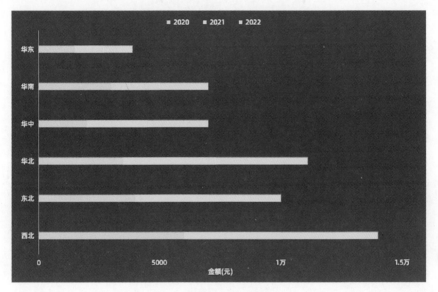

图 2-4-15　堆积条形图示例

- 适用场景。

堆积条形图适合用于展示三维数据集，展示数据的分布情况。

15. 饼图

- 组件样例。

饼图示例如图 2-4-16 所示。

- 适用场景。

饼图用于分析数据的简单占比，可以通过饼图很直观地看到每一个部分在整体中所占的比例。

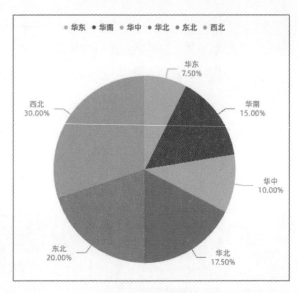

图 2-4-16　饼图示例

16. 环图

● 组件样例。

环图示例如图 2-4-17 所示。

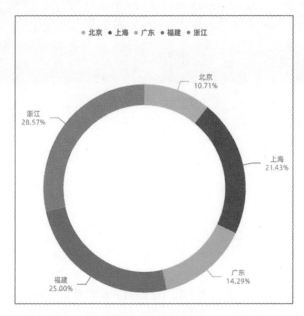

图 2-4-17　环图示例

- 适用场景。

环图用于分析数据的简单占比，可以通过环图很直观地看到每一个部分在整体中所占的比例。

17. 玫瑰图

- 组件样例。

玫瑰图示例如图 2-4-18 所示。

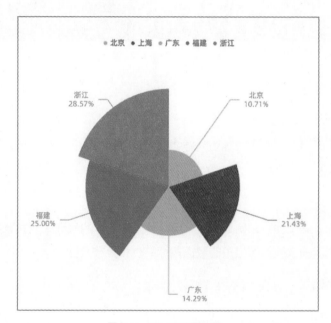

图 2-4-18　玫瑰图示例

- 适用场景。

玫瑰图可以展示不同维度的数据分布，或比较各项数据间的情况，通常适用于枚举型数据。

18. 热力图

- 组件样例。

热力图示例如图 2-4-19 所示。

- 适用场景。

热力图常用于展示不同维度的相关性，可用于购物篮分析等模型中。

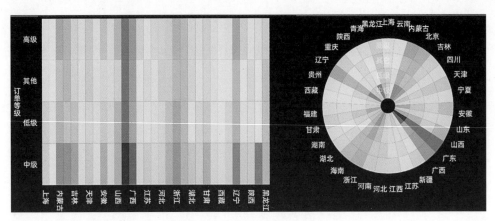

图 2-4-19 热力图示例

19. 色彩地图

● 适用场景。

色彩地图用色彩的深浅来展示数据的大小和分布范围。

20. 气泡地图

● 适用场景。

气泡地图以一个地图轮廓为背景，用附着在地图上的气泡来反映数据的大小，还可以直观地显示国家或地区相关的数据指标大小和分布范围。

21. 符号地图

● 适用场景。

符号地图以一个地图轮廓为背景，用附着在地图上的图标或图片来标识数据点。

22. 飞线地图

● 适用场景。

飞线地图以一个地图轮廓为背景，用动态的飞线反映两个地域或多个地域间的数据关系。

23. 多图层地图

● 适用场景。

多图层地图是由多个地图图层组合形成的，用于呈现复杂地理数据的分布情况。

2.4.3　其他组件

1. 文本

单击顶部菜单栏的"文本"命令，可以添加文本，鼠标双击编辑文本内容，数据大屏文本示例如图 2-4-20 所示。

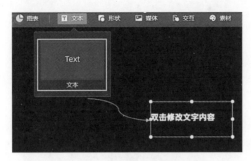

图 2-4-20　数据大屏文本示例

2. 形状

单击顶部菜单栏的"形状"命令，可以选择矩形、圆形、三角形或箭头形状，数据大屏形状示例如图 2-4-21 所示。

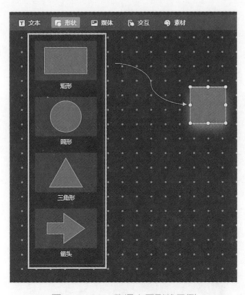

图 2-4-21　数据大屏形状示例

3. 媒体

单击顶部菜单栏的"媒体"命令，可以选择图片、视频、跑马灯、时钟或内嵌页面，数据大屏媒体示例如图 2-4-22 所示。

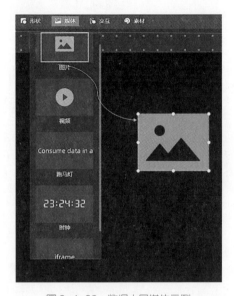

图 2-4-22　数据大屏媒体示例

4. 交互

单击顶部菜单栏的"交互"命令，可以选择按钮、下拉列表或平铺按钮 3 种样式，数据大屏交互示例如图 2-4-23 所示。

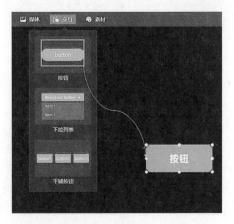

图 2-4-23　数据大屏交互示例

5. 素材

单击顶部菜单栏的"素材"命令，可以选择矢量图标、边框装饰或视频背景 3 类素材，示例如图 2-4-24、图 2-4-25 和图 2-4-26 所示。

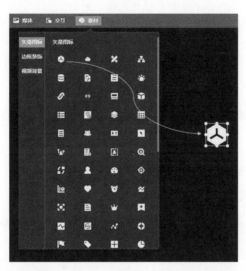

图 2-4-24　数据大屏矢量图标示例

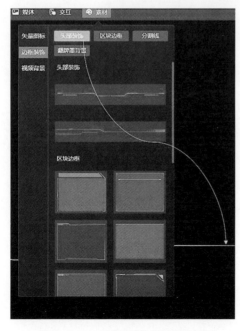

图 2-4-25　数据大屏边框装饰示例

图 2-4-26　数据大屏视频背景示例

2.4.4 数据大屏管理

在电子表格的管理界面可以进行如下操作。

（1）查看数据大屏：进入数据大屏预览界面。

（2）移动数据大屏：选择目标目录移动。

（3）分享数据大屏：可选择私密链接分享或公开分享，公开分享需设置截止日期及投屏密码。

（4）复制数据大屏：将数据大屏文件另存一份，填写名称和存放位置。

（5）转让和重命名：在属性面板配置名称、所有者和描述。

（6）协同授权：编辑权限属性为私密、指定成员或全部空间成员，并可分享给其他人编辑或查看链接。

（7）收藏数据大屏：将常用或重要数据大屏进行收藏后展示在首页。

（8）删除数据大屏：数据大屏若处于已发布或已保存未发布状态，需先下线，再删除。

第 3 章　制作第一个仪表板

本章为读者介绍制作仪表板的完整过程，从新建数据源、数据集到制作仪表板，最后分享作品。

3.1　设计动态仪表板

本节为读者介绍仪表板的设计动作，包括新建数据源、数据集，以及新建仪表板。

3.1.1　新建数据源、数据集

1. 新建数据源

（1）创建数据源入口。请登录 Quick BI 控制台，并按照以下任意一种方式，进入创建数据源界面。

①在空间外资源入口快速创建，如图 3-1-1 所示。

- 在顶部导航栏选择"工作台"命令。
- 单击"创建报表"命令。
- 在弹出的下拉列表中选择"数据源"命令。
- 选择具体对应的工作空间。
- 单击"进入空间"按钮。

②从空间内数据源模块创建，如图 3-1-2 所示。

- 在顶部导航栏选择"工作台"命令。
- 选择具体对应的工作空间。
- 在左侧导航栏单击"数据源"命令。
- 单击"新建数据源"按钮。

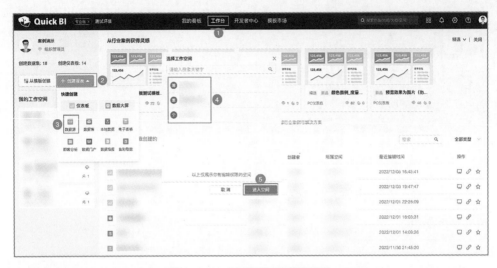

图 3-1-1 空间外创建数据源示例

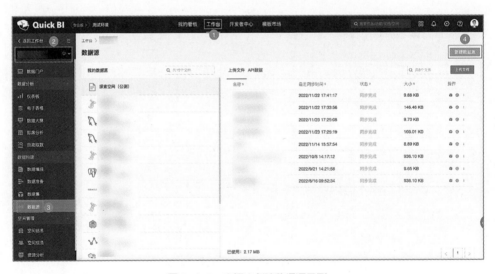

图 3-1-2 空间内创建数据源示例

③在空间内资源列表上快速创建数据源，如图 3-1-3 所示。

- 在顶部导航栏选择"工作台"命令。

- 选择具体对应的工作空间。

- 鼠标光标移动到数据源上，会出现"➕"图标，单击它可快速创建数据源。

图 3-1-3　空间内快速创建数据源示例

从以上任一入口新建数据源后会跳转到创建数据源界面，如图 3-1-4 所示，在实际操作中，可以选择对应的数据源进行配置连接。

图 3-1-4　"创建数据源"界面

（2）创建示例数据源。我们以 MySQL 数据源为例，在 Quick BI 上进行数据分析与展示。在如图 3-1-4 所示创建数据源界面，选择"MySQL"，弹出如图 3-1-5

所示界面。

图 3-1-5 创建 MySQL 数据源示例

Quick BI 为用户提供了一个创建数据源示例信息，如表 3-1-1 所示。

表 3-1-1 创建数据源示例信息

名 称	描 述
数据源类型	MySQL 数据源类型支持阿里云、腾讯云、华为云、微软云、AWS 和自建。本例选择"阿里云"
连接方式	MySQL 云数据源支持自动连接和手动连接。 选择自动连接时，可通过选择账号下对应的阿里云数据库，系统将自动匹配数据库配置信息。 本例选择"手动连接"
显示名称	数据源配置列表的显示名称。 请输入规范的名称，不要使用特殊字符，前后不能包含空格。 本例填写"mysql"

续表

名　　称	描　　述
数据库地址和端口	如要部署 MySQL 数据库的外网地址和外网端口，请登录 RDS 管理控制台，在基本信息区域单击查看连接详情，获取外网地址和外网端口。 本例填写 "rm-uf609996163c3d2q52o.mysql.rds.aliyun.com" "3306"
数据库用户名和密码	如要部署 MySQL 数据库时自定义的数据库名称，则登录 MySQL 数据库的用户名和密码。 本例填写 "quickbi_train" " quickbi_train"
数据库版本	部署 MySQL 数据库的版本。同样在部署的 RDS 管理控制台中，在实例列表中，获取数据库类型中的版本号。 本例选择 "5.7"

填写表格内信息后，单击"连接测试"按钮，进行数据源连通测试。

测试成功后，单击"确定"按钮，完成数据源的添加。此时可以在数据源列表中看到刚才创建的数据源，如图 3-1-6 所示。

图 3-1-6　MySQL 数据源创建完成示例

2. 新建数据集

连通数据源后，当需要分析的数据存储在不同的数据表时，可以通过数据关联，把多个数据表连接起来，形成模型进行数据分析。

（1）在数据源界面，选择目标数据表并创建数据集，如图 3-1-7 所示。

图 3-1-7　创建数据集步骤 1

①单击"数据源"命令。

②选择对应数据源，如"Demo 数据源"。

③在"数据表"面板中操作。

④选择对应数据表，如"demo_订单信息明细表"，单击数据表右侧的第一个图标，创建数据集。

（2）在数据集编辑界面，关联数据表，如图 3-1-8 所示。

①选择关联表，如"demo_渠道信息维度表"。

②进行关联字段选择，如"demo_订单信息明细表"的"渠道 ID"关联"demo_渠道信息维度表"的"渠道 ID"。

③在"数据关联"右侧选择"左外连接"。

④单击"确定"按钮。

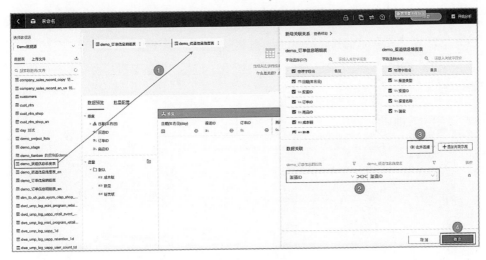

图 3-1-8　创建数据集步骤 2

（3）预览并保存数据集，如图 3-1-9 所示。

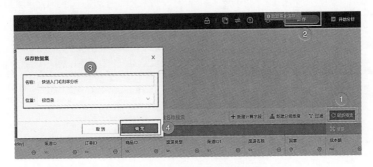

图 3-1-9　创建数据集步骤 3

①单击"刷新预览"按钮。

②单击"保存"按钮。

③在弹出的"保存数据集"对话框中输入数据集的名称，如"快速入门毛利率分析"。

④选择数据集的保存位置，即所在文件夹，若未创建文件夹，则默认选择"根目录"，单击"确定"按钮。

（4）在度量中新增毛利额和毛利率字段，如图 3-1-10 所示。

①单击"新建计算字段"按钮。

②在弹出的"编辑计算字段"对话框中，在"字段原名"中输入"毛利额"，"字段表达式"为"SUM([销售额])-SUM([成本额])"，"数据类型"选择"度量"单选项，"字段类型"选择"数值"单选项，"数据格式化"选择"保留 2 位小数"或其他格式，"字段描述"若无特殊需求则可为空。

③单击"确定"按钮。

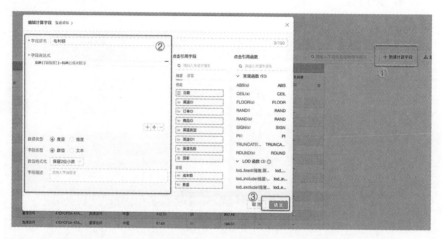

图 3-1-10　创建数据集步骤 4

新增的数据集计算字段参数如表 3-1-2 所示。

表 3-1-2　数据集新增计算字段

参 数 名	描 述	示 例
字段原名	名称只能由中英文、数字及下画线、正斜线、反斜线、竖线、小括号、中括号组成，不超过 50 个字符	毛利额的字段表达式为 SUM([销售额])-SUM([成本额]) 毛利率的字段表达式为 SUM([销售额]-[成本额])/SUM([销售额])
字段表达式	字段表达式	
数据类型	支持的数据类型为维度和度量	度量
字段类型	支持字段类型为文本和数值类型	数值
数值格式化	支持以下数据格式展示： 自动（即，保留数据默认格式） 整数、保留 1 位或 2 位小数 百分比、保留 1 位或 2 位百分比 自定义或手动输入	自动
字段描述	输入字段的描述	毛利额=销售额-成本额

（5）目标字段添加成功后，单击"保存"按钮，如图 3-1-11 所示。

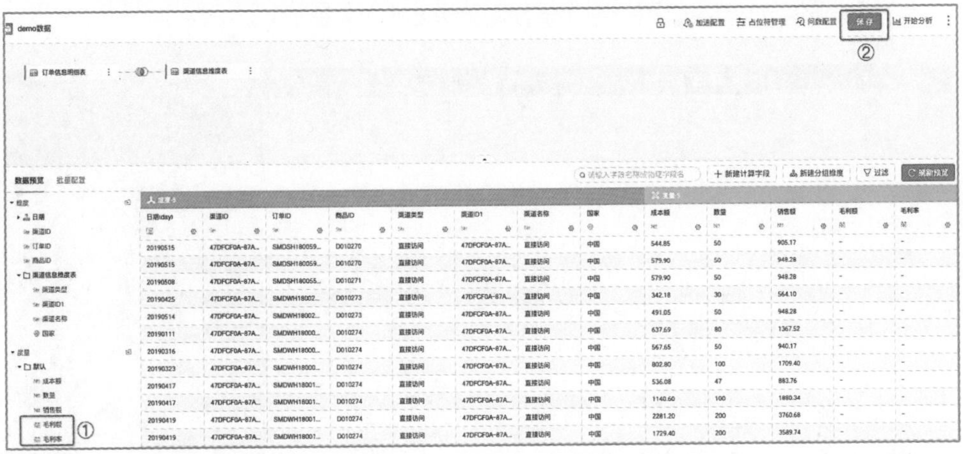

图 3-1-11　创建数据集步骤 5

①在度量区域出现新建的字段"毛利率""毛利额"。

②单击"保存"按钮。

3.1.2　新建仪表板

（1）打开数据集编辑界面，在顶部导航栏选择"开始分析—创建仪表板"命令，如图 3-1-12 所示。

图 3-1-12　创建仪表板入口示例

（2）创建指标趋势图，分析月度核心销售额、毛利额、毛利率。

为了更好地展示各个月份的销售额、毛利额、毛利率 3 个关键指标的走势数据，推荐选择指标趋势图进行呈现。

①按照图 3-1-13 所示，创建指标趋势图。

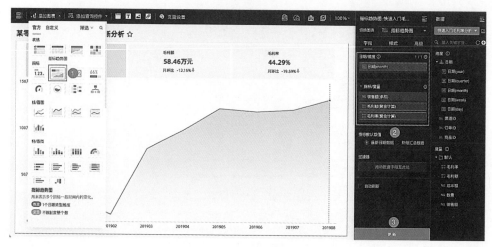

图 3-1-13　创建指标趋势图示例

- 单击"添加图表"命令，在下拉列表中选择"指标"分类下的第二个图标"指标趋势图"。
- 在"字段"面板中，将"日期（month）"添加至"日期/维度"区域，将"销售额""毛利额""毛利率"分别添加至"指标/度量"区域。
- 单击"更新"按钮。

②在"高级"面板中，勾选"开启副指标展示"复选框，配置图表样式，如图 3-1-14 所示。

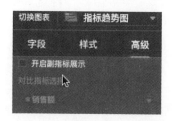

图 3-1-14　配置指标趋势图"高级"面板

表 3-1-3 仅列出需要手动设置的参数项，其他参数项保持默认值即可。

表 3-1-3　指标趋势图高级面板设置参数项

参 数 名	描 述	示 例
对比指标选择	选择需要展示对比的指标	销售额
对比内容选择	支持自动计算和新增字段	自动计算月环比
选择涨跌标记	标记指标上升或下降趋势	
同步对比指标	可以把当前指标的配置同步显示到其他指标	毛利额和毛利率

（3）创建气泡图，分析渠道类别销售额和毛利数据。

为了更好地展示不同渠道类别的销售额、毛利率、毛利额的数据，推荐选择气泡图进行呈现。

①按照图 3-1-15 所示，创建气泡图。

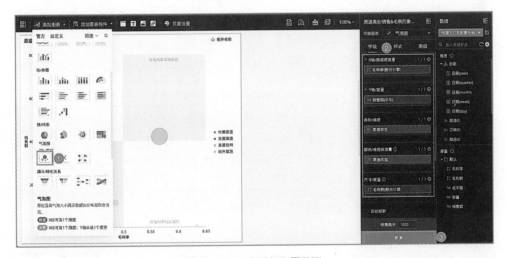

图 3-1-15　创建气泡图示例

- 单击"添加图表"命令，在下拉列表中选择"气泡图"分类下的第一个图标"气泡图"。
- 在"字段"面板中，添加"毛利率"至"X 轴/维度或度量"区域，"销售额"至"Y 轴/度量"区域，"渠道类型"至"类别/维度"区域，"渠道类型"至"颜色/维度或度量"区域，"毛利额"至"尺寸/度量"区域。
- 单击"更新"按钮。

②按照图 3-1-16 所示操作设置过滤器，查看 2019 年 8 月的数据情况。

图 3-1-16   配置过滤器示例

- 将"日期（month）"拖入"过滤器"区域。
- 弹出"设置过滤器"对话框，"过滤方式"选择"单月"单选项，"过滤条件"选择"精确时间""2019-08"。

在"设置过滤器"对话框中，字段"日期（month）"的参数示例如表 3-1-4 所示。

表 3-1-4   过滤器设置参数项

参 数 名	描 述	示 例
过滤方式	支持单月和月区间	单月
过滤条件	支持选择相对时间和精确时间	精确时间
日期	支持自定义日期	2019-08

①在"样式"面板配置图表样式，效果如图 3-1-17 所示。

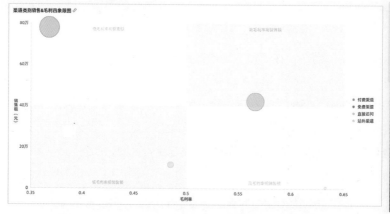

图 3-1-17   配置气泡图样式示例

表 3-1-5 仅列出需要手动设置的参数项，其他参数项保持默认值即可。

表 3-1-5　气泡图样式设置参数项

配 置 项	参 数 名	示　　　例
基础信息	显示主标题	选中显示主标题
	主标题	渠道类别销售&毛利四象限图
图表样式	显示图例	居右（▥）
功能配置	开启四象限	选中开启四象限
	象限名称	设置如下 右上象限：高毛利率高销售额 左上象限：低毛利率高销售额 左下象限：低毛利率低销售额 右下象限：高毛利率低销售额

（4）创建气泡图，分析渠道明细销售额和毛利数据。

为了更好地展示各个渠道名称下的销售额、毛利率、毛利的详细数据，推荐选择气泡图进行呈现。

①创建气泡图。

为避免重复操作，本示例复制上述气泡图，并将渠道类型字段替换为渠道名称，如图 3-1-18 和图 3-1-19 所示。

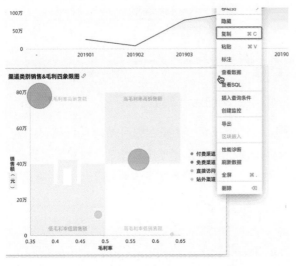

图 3-1-18　复制图表示例

图 3-1-19　调整副本示例

- 将"类别/维度"修改为"渠道名称"。
- 单击"更新"按钮。

②按照图 3-1-20 所示，在"样式"面板配置图表样式。

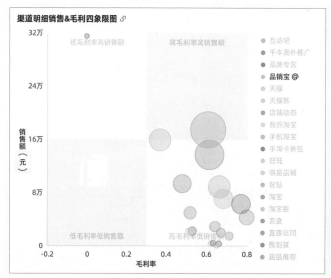

图 3-1-20　配置气泡图样式示例

表 3-1-6 仅列出需要手动设置的参数项，其他参数项保持默认值即可。

表 3-1-6　气泡图样式设置参数项

配 置 项	参 数 名	示　　例
基础信息	显示主标题	选中显示主标题
	主标题	渠道明细销售&毛利四象限图

（5）联动分析 2019 年 8 月的渠道明细毛利率数据。

为了更好地分析各个渠道在 2019 年 8 月的销售额和毛利率明细情况，推荐配置指标趋势图到渠道类别销售&毛利四象限图和渠道明细销售&毛利四象限图的联动，用于查看各个渠道类别在 2019 年 8 月的销售额和毛利率数据。

①按照图 3-1-21 所示，配置图表联动。

- 切换到"高级"面板。
- 单击"联动"右侧的图标，弹出"图表联动设置"对话框。

图 3-1-21　配置图表联动示例

②在"图表联动设置"对话框，按照图 3-1-22 所示联动图表。

- 选择需要绑定的字段为"日期（month）"。

- 选择需要关联的图表。

- 单击"确定"按钮。

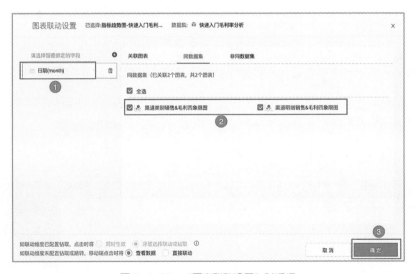

图 3-1-22　"图表联动设置"对话框

联动配置完成后，单击指标趋势图中 2019 年 8 月的数据点，可以看到渠道类别销售&毛利四象限图、渠道明细销售&毛利四象限图中的数据已被过滤为 2019 年 8 月，如图 3-1-23 所示。

分析渠道类别销售&毛利四象限图各个渠道类别在 2019 年 8 月的销售额和毛利

率数据后，发现免费渠道在高销售额低毛利率象限，属于异常区间，请继续执行下一步，分析异常数据受哪些渠道明细数据的影响。

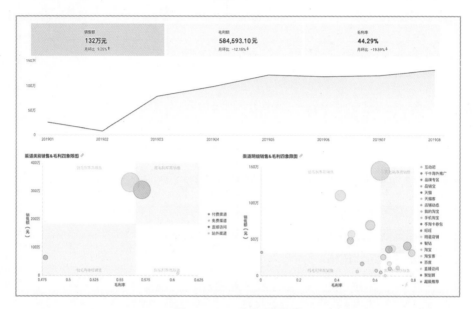

图 3-1-23　仪表板效果图

（6）分析 2019 年 8 月免费渠道下各个渠道名称的销售额和毛利率数据。

从配置渠道类别销售&毛利四象限图到渠道明细销售&毛利四象限图的联动，用于分析 2019 年 8 月免费渠道下各个渠道名称的销售额和毛利率数据。

① 按照图 3-1-24 所示，配置图表联动。

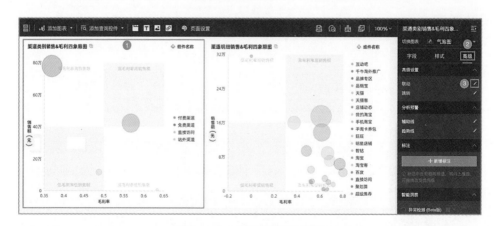

图 3-1-24　配置图表联动示例

- 选择图表"渠道类别销售&毛利四象限图"。
- 选择"高级"面板。
- 单击"联动"右侧的图标,弹出"图表联动设置"对话框。

② 在"图表联动设置"对话框中,按照图 3-1-25 所示联动图表。

图 3-1-25　"图表联动设置"对话框

- 选择需要绑定的字段为"渠道类型"。
- 选择需要关联的图表。
- 单击"确定"按钮。

图表联动配置完成后,单击渠道类别销售&毛利四象限图中免费渠道的数据点,可以看到渠道明细销售&毛利四象限图中的数据,已被过滤为 2019 年 8 月免费渠道下的数据,如图 3-1-26 所示。

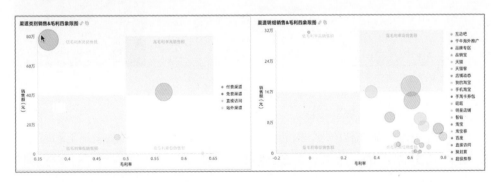

图 3-1-26　气泡图间联动示例

分析渠道明细销售&毛利四象限图各个渠道名称在 2019 年 8 月的销售额和毛利率数据后，发现手淘卡券包在高销售额低毛利率象限属于异常区间，是最终导致毛利率异常下降的原因。

分析结论：经排查发现，由于企业内部员工在 2019 年 8 月利用大量内部优惠券，通过免费渠道手淘卡券包进行空买空卖，套取利益，导致企业整体毛利率异常下滑。目前相关异常数据已移交给审计部门，9 月开始，企业经营恢复正常，销售额和毛利率等相关业绩再创新高。

3.2　作品分享

分析完成后，可以将仪表板搭建成数据门户，并导出用于存档；若随着时间发展，数据又出现其他异常，则可以将仪表板分享给他人协同编辑。

（1）按照图 3-2-1 所示，发布仪表板。

图 3-2-1　发布仪表板示例

- 单击"保存并发布"按钮。
- 在弹出的"发布仪表板"对话框中，"名称"处输入"某零售电商毛利率异常下滑诊断分析"，"位置"选择"根目录"，并勾选"后续过程中开启自动保存"复选框。

- 单击"确定"按钮。

在第一次发布仪表板时，会弹出"发布仪表板"对话框。仪表板保存设置参数项如表 3-2-1 所示。

表 3-2-1 仪表板保存设置参数项

参　　数	描　　述	示　　例
名称	仪表板名称	某零售电商毛利率异常下滑诊断分析
位置	仪表板存放位置	根目录
后续过程中开启自动保存	勾选该复选框表示后续在仪表板编辑过程中会自动保存仪表板	勾选开启

（2）搭建数据门户。

数据门户也叫作数据产品，可以通过菜单形式将仪表板组织成复杂的带导航菜单，常用于专题类分析。可以将创建好的仪表板集成到数据门户，并导出存档。

①按照图 3-2-2 所示，创建数据门户。

图 3-2-2 创建数据门户示例

- 在顶部导航栏选择"工作台"命令。
- 选择具体对应的工作空间。
- 在左侧导航栏单击"数据门户"命令。
- 单击"新建数据门户"按钮。

②按照图 3-2-3 所示，添加并设置数据门户菜单。

图 3-2-3　设置数据门户菜单示例

- 单击"一级菜单"按钮。
- 单击"添加主菜单"按钮。
- "菜单显示名称"中输入"某零售电商毛利率下滑异常诊断分析"。
- "内容设置"下选择"仪表板",再选择具体对应的仪表板。

在内容设置区域,仅列出需要手动设置的参数项,其他参数项保持默认值即可,如表 3-2-2 所示。

表 3-2-2　门户内容设置参数项

参　数	示　例
菜单显示名称	某零售电商毛利率下滑异常诊断分析
内容设置	选择仪表板,在搜索仪表板界面找到"某零售电商毛利率下滑异常诊断分析"

③单击右上角"保存"按钮保存数据门户。

本例中,数据门户命名为"某零售电商毛利率下滑异常诊断分析"。

(3)按照图 3-2-4 所示,导出数据门户。

- 鼠标光标移动到仪表板界面,出现图标浮层,单击"导出"按钮。
- 在弹出的"导出"对话框中,"导出名称"处输入"某零售电商毛利率下滑异常诊断分析","文件格式"选择"图片"单选项,"导出渠道"选择"本地"单选项。
- 单击"确定"按钮。

图 3-2-4 导出数据门户示例

数据门户导出设置参数项如表 3-2-3 所示。

表 3-2-3 数据门户导出设置参数项

参　　数	示　　例
导出名称	某零售电商毛利率下滑异常诊断分析
文件格式	选择"图片"单选项
导出渠道	选择"本地"单选项

（4）共享仪表板。

①按照图 3-2-5 所示，公开或分享仪表板。

- 单击左侧"仪表板"命令。
- 在具体对应仪表板右侧单击"更多"图标。
- 在下拉列表中选择"分享"命令。
- 在弹出的对话框中，选择"私密链接分享"标签页，单击"复制"图标。

"公开链接分享"标签页下生成的链接可以被所有人访问，且无须登录阿里云账号。

"私密链接分享"标签页下生成的链接可以被有权限的用户访问。

②照图 3-2-6 所示，设置协同编辑仪表板。

图 3-2-5　公开或分享仪表板示例

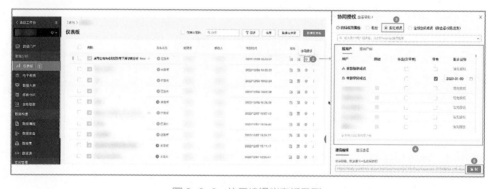

图 3-2-6　协同编辑仪表板示例

- 单击左侧"仪表板"命令
- 在具体对应仪表板右侧单击"协同授权"图标。
- 右侧出现"协同授权"面板,"编辑权限属性"选择"指定成员"单选项。
- 选择具体对应的成员,并勾选 "导出(含查看)"或"查看"复选框,并选择截止日期。
- 在"邀请编辑"链接右侧单击"复制"按钮。

可以分享作品给指定的人员协同编辑或者只能查看。

第 4 章　巧用功能

4.1　故事线

Quick BI 支持以下 3 种故事线。

（1）数据门户：将多个报表对象按照业务分析逻辑组织起来，通常用于展示多个报表的场景。

（2）Tab 控件：支持将多个图表放置在同一个 Tab 控件内作为一个整体查看，通常用于展示单个报表内多个图表的场景。

（3）Story Builder（故事线）：将界面内的数据分析动向通过故事线展示，通常用于单个报表的场景。

现在我们为第 3 章创建好的仪表板添加故事线控件，如图 4-1-1 所示。

①"组件位置"选择"顶部横向"单选项。

②选择第一种——进度条。

③"翻页模式"选择"纵向滚动"单选项。

④"标题"处输入"零售电商毛利率异常下滑诊断分析"；

⑤单击"故事节点"右侧的"编辑"图标，输入"序号 1：销售&毛利月度趋势""序号 2：渠道销售&毛利四象限"。

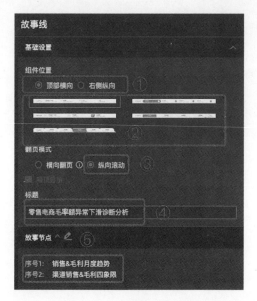

图 4-1-1　故事线配置示例

配置好的故事线如图 4-1-2 所示。

图 4-1-2　故事线效果图

4.2　查询控件

Quick BI 支持以下 3 种查询控件。

（1）全局查询控件：通过查询控件可以生成一个或多个查询条件，帮助查询单个或多个图表中的数据，一个仪表板中可以添加多个查询控件，但只支持置顶一个查询控件。

（2）Tab 控件内的查询控件：通过查询控件可以查询单个或多个图表中的数据，一个 Tab 控件内可以添加多个查询控件。

（3）图表内查询控件：在仪表板中为某个图表创建查询条件。

现在我们为第 3 章创建好的仪表板添加全局查询控件，如图 4-2-1 所示。

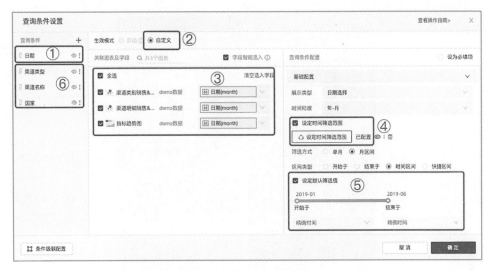

图 4-2-1 查询条件配置图

①添加名为"日期"的查询条件。

②生效模式"选择"自定义"单选项。

③在"关联图表及字段"区域，勾选，"全选"复选框，字段选择"日期（month）"。

④设定时间筛选范围：201901—201912。

⑤设定默认筛选值：201901—201908。

⑥添加其他查询条件：渠道类型、渠道名称、国家。

为查询控件配置样式，如图 4-2-2 所示。

①勾选"全局置顶"复选框。

②在"按钮显示"区域，勾选"清空"复选框。

③"内容排版"选择居中模式。

④"渠道类型"的样式选择"平铺"。

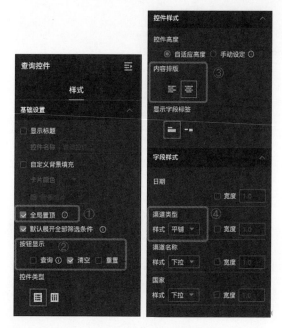

图 4-2-2　查询控件样式配置示例

配置好的查询控件如图 4-2-3 所示。

图 4-2-3　查询控件效果图

4.3　富文本和图表联动

Quick BI 富文本控件支持设置富文本的内容样式、文字字号、文字样式、文字颜色、文字背景色、对齐方式字体等，且支持在富文本中插入无序列表、有序列表、链接、表格、查询、指标等。

现在我们为第 3 章创建好的仪表板添加含指标数据的富文本控件，如图 4-3-1 所示。

图 4-3-1 富文本配置图

①"字段"面板中，将"日期（month）"拖入"维度"区域，将"销售额、毛利额、毛利率"拖入"度量"区域。

②编辑文本内容："的销售额为，毛利额为，毛利率为。"。

③分别按图示位置拖入指标：日期、销售额、毛利额、毛利率。

④设置字号大小。

⑤设置对齐格式。

为富文本内的指标根据趋势图配置联动：选中指标趋势图，单击"高级"面板中的"联动"图标，在弹出的"图表联动设置"对话框中进行字段与图表的绑定，如图4-3-2 所示。

图 4-3-2 图表联动配置示例

配置好的富文本与图表联动效果如图 4-3-3 所示：选中 201908 月度后指标会

对应显示该月数据。

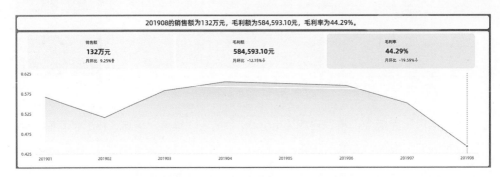

图 4-3-3　富文本（含指标控件）与图表联动效果图

第 5 章　实战案例——制作现金流量分析的动态仪表板

引言

本章使用 Quick BI 制作一个仪表板。通过对一份脱敏数据进行可视化图表制作，分析企业的现金流量情况，并实践制作仪表板的动态展示功能。

案例背景

现金流量分析是对项目现金流出和流入的全部资金活动进行分析。现金流量表包含企业在一定会计期内，在经营活动、投资活动与筹资活动 3 个类别中现金和现金等价物的流入与流出信息。通过对现金流量进行分析，我们可以了解在本财务周期中，现金从何而来？现金用在何处？以及现金余额发生了哪些变化？借助这些洞察，可以进一步分析该项目获取现金的能力、偿债能力、收益质量、投资活动质量与筹资活动质量。

补充知识

企业在进行购买固定资产、新增生产能力、增持金融资产等投资行为时，都需要考虑一段时期内自身现金流量的状况。当现金流量紧张时，企业可以通过发行股票或向银行贷款获得资金。财务人员紧盯企业日常经营所带来的现金流变化是基本功课。当企业营收稳定且现金流量宽裕时，方可向股东发放现金股利或向银行偿还贷款利息等，随即又将立刻造成现金流出企业。本章介绍如何用清晰有效的图表展示现金流数据，为财务决策提供依据。

5.1 步骤 1：实现联动功能

本节制作一个柱图与一个瀑布图。柱图用于对比 3 个分公司的现金流数据；瀑布图用于表现期初现金与期末现金金额之间的差异及造成流入、流出的子项。本案例假设某企业有上海、天津、重庆 3 个分公司，制作案例的目标是分别展示 3 个分公司的现金流量变化。操作步骤如下。

（1）在数据源界面导入本地文件"现金流量分析"。

（2）在数据集界面创建数据集，拖入上传的现金流量分析表，将数据集重命名为"现金流量分析"，单击"保存"按钮，再单击右上方的"开始分析"按钮，如图 5-1-1 所示，之后在下拉列表中选择"创建仪表板"命令。

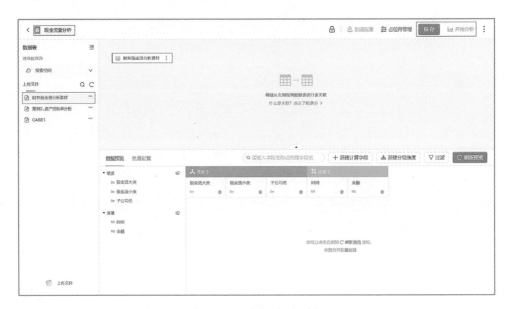

图 5-1-1　数据集创建示例

（3）单击菜单栏中的"柱图"图标，将"子公司名"维度拖入"字段"面板的"类别轴/维度"区域，将"金额"度量拖入"值轴/度量"区域，单击"更新"按钮，即可看到各子公司本期现金流的柱图，如图 5-1-2 所示。

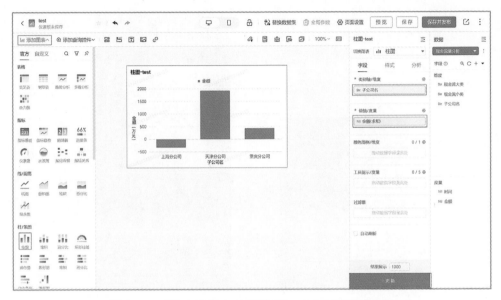

图 5-1-2　现金流量分析：用柱图展现 3 个分公司的现金流量

（4）单击图表标题，将图表名称重命名为"子公司现金流量分析"，如图 5-1-3 所示。

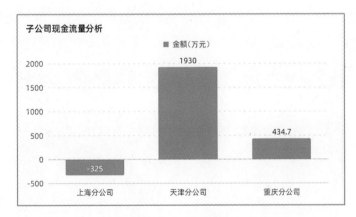

图 5-1-3　柱图效果

（5）也可以在"样式—标题与卡片"中，直接修改标题，如图 5-1-4 所示。

（6）在"样式—图表样式—图表类型"中，勾选"显示数据标签"复选框，将柱图标签值显示出来，如图 5-1-5 所示。

图 5-1-4　标题设置

图 5-1-5　样式设置

（7）在"样式—坐标轴—X轴"中，取消勾选"显示标题和单位"复选框，将 X 轴标题隐藏，如图 5-1-6 所示。

（8）单击"左Y轴"，取消勾选"显示标题和单位"复选框，将 Y 轴标题隐藏，如图 5-1-7 所示，这样就完成了对子公司现金流量分析柱图的样式调整。

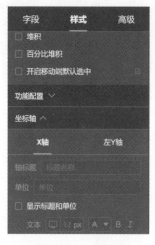

图 5-1-6　X 轴设置

图 5-1-7　左 Y 轴设置

（9）单击菜单栏中的"瀑布图"图标，在"字段"面板中，将"现金流大类"维度拖入"类别轴/维度"区域，将"金额"度量拖至"值轴/度量"区域，单击"更新"
按钮，完成本期现金流量分析瀑布图的制作，具体设置如图 5-1-8 所示。

图 5-1-8　瀑布图设置

（10）单击图表标题，将图表名称重命名为"现金流大类分析"，如图 5-1-9 所
示。或者在"样式—标题与卡片"中，将标题修改为"现金流大类分析"，如图 5-1-10
所示。

（11）在"样式—数值设置"中，取消勾选"显示起始值/累计值 Tips"复选框，
如图 5-1-11 所示。

（12）在"样式—坐标轴—X 轴"中，取消勾选"显示标题和单位"复选框，如
图 5-1-12 所示。

（13）单击"左 Y 轴"，取消勾选"显示标题和单位"复选框，如图 5-1-13 所
示，这样就完成了对现金流大类分析瀑布图的样式调整。

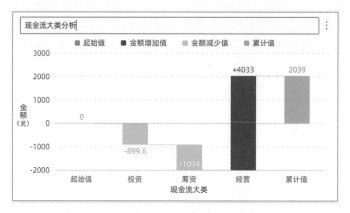

图 5-1-9 修改瀑布图标题

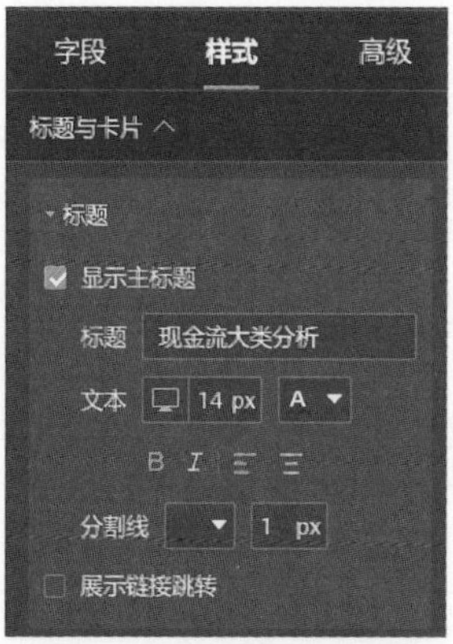

图 5-1-10 修改瀑布图标题

图 5-1-11 样式设置

图 5-1-12 X 轴样式设置

图 5-1-13 左 Y 轴样式设置

（14）单击生成的柱图，选择"高级"面板，单击"联动"右侧的"编辑"图标，弹出"图表联动设置"对话框，在"请选择需要绑定的字段"下拉列表中选择"子公司名"，勾选"瀑布图-test"复选框，单击"确定"按钮，如图 5-1-14 所示。

图 5-1-14 "图表联动设置"对话框

经过上述操作，我们成功地绘制了柱图与瀑布图，并设定了柱图与瀑布图的联动，通过单击柱图上特定的子公司名，瀑布图可筛选出对应子公司的现金流数据。

5.2 步骤 2：实现钻取功能

本节进一步设置瀑布图的钻取功能，通过用鼠标单击，即可查看特定现金流大类中各现金流小类的情况。操作步骤如下。

（1）选择生成的瀑布图，在"字段"面板中，单击"类别轴/维度"区域中"现金流大类"右侧的"钻取"图标，此时"字段"面板下会出现"钻取/维度"区域，如图 5-2-1 所示。

（2）将"现金流小类"字段拖至"字段"面板下"钻取/维度"区域中的"现金流大类"下方，单击"更新"按钮，如图 5-2-2 所示。

图 5-2-1　瀑布图字段设置 1　　　　图 5-2-2　瀑布图字段设置 2

（3）单击图表中的现金流大类，就会下钻到对应的现金流小类，再次单击图表中左下角的现金流大类返回上一层，效果如图 5-2-3 所示。

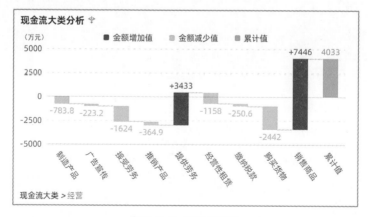

图 5-2-3　瀑布图效果

经过上述操作，我们成功地对瀑布图设置了钻取功能，通过单击瀑布图上特定的现金流大类，即可查看此大类下各小类金额的合计情况。

5.3 步骤 3：实现跳转功能

本节制作一个新交叉表。通过单击交叉表中的"现金流小类"，可跳转至另一个仪表板，该仪表板中包含我们所单击的现金流小类的所有明细数据。操作步骤如下。

（1）创建新仪表板，重命名为"跳转明细仪表板"，并保存。

（2）单击"明细表"图标，在"数据"面板中，选择之前创建好的"现金流量分析"数据集，将"现金流大类""现金流小类""子公司名"维度与"金额"度量依次拖至"字段"面板中的"数值列/维度或度量"区域，单击"更新"按钮，完成明细表的制作，具体配置如图 5-3-1 所示。

图 5-3-1 明细表配置

（3）单击界面顶部的"全局参数"图标，弹出"全局参数配置"对话框，新建参数并命名为"cashflow"，在"请选择参数关联控件与图表"中选择生成的明细表，在"关联字段"中选择"现金流小类"。单击"确定"按钮，如图 5-3-2 所示。之后保存并发布仪表板。

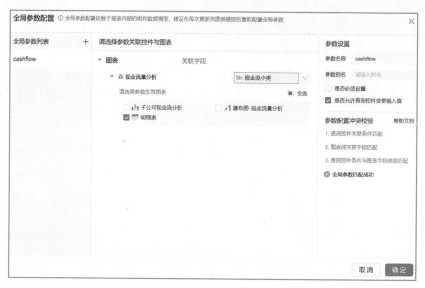

图 5-3-2　全局参数配置

（4）在"现金流量分析"仪表板中，单击菜单栏中"交叉表"图标，将"现金流小类"维度拖入"字段"面板的"行"区域，将"子公司名"维度与"金额"度量拖入"列"区域，单击"更新"按钮，完成新交叉表的制作，具体配置如图 5-3-3 所示。

图 5-3-3　字段配置

（5）单击图表标题区域，将新交叉表重命名为“子公司现金流小类明细”，如图 5-3-4 所示。

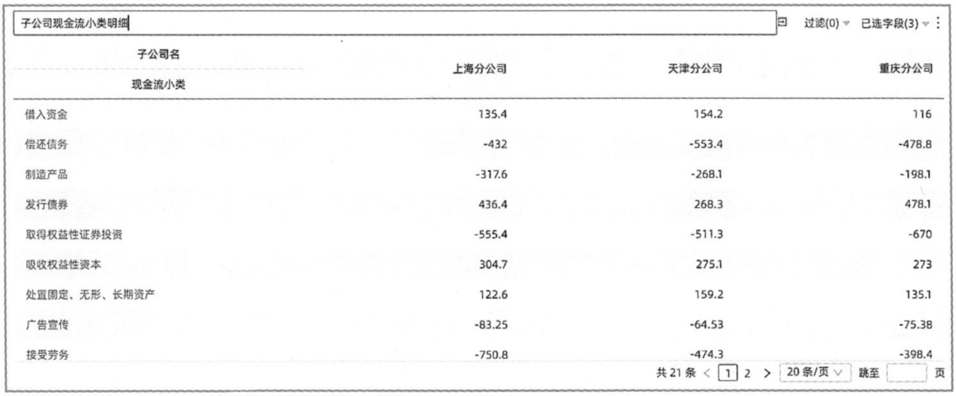
子公司现金流小类明细

过滤(0)　已选字段(3)

子公司名 / 现金流小类	上海分公司	天津分公司	重庆分公司
借入资金	135.4	154.2	116
偿还债务	-432	-553.4	-478.8
制造产品	-317.6	-268.1	-198.1
发行债券	436.4	268.3	478.1
取得权益性证券投资	-555.4	-511.3	-670
吸收权益性资本	304.7	275.1	273
处置固定、无形、长期资产	122.6	159.2	135.1
广告宣传	-83.25	-64.53	-75.38
接受劳务	-750.8	-474.3	-398.4

共 21 条 < 1 2 > 20 条/页 跳至 页

图 5-3-4　修改标题

（6）选择“高级”面板，单击“跳转”右侧的“编辑”图标，弹出“图表跳转设置”对话框。参数设置如图 5-3-5 所示。之后保存仪表板。

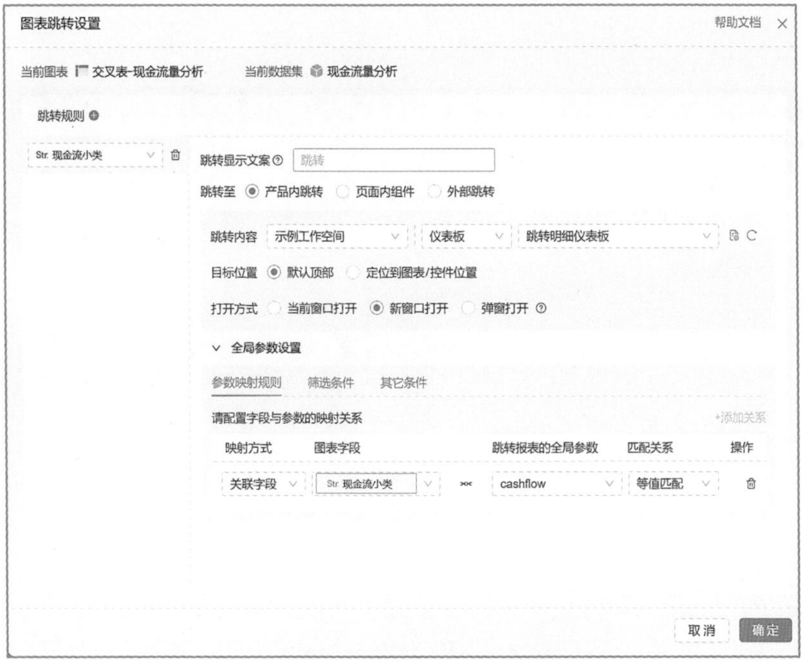

图 5-3-5　“图表跳转设置”对话框

经过上述操作，我们成功地制作了显示特定现金流小类明细数据的仪表板。单击现金流量分析仪表板中的"子公司现金流小类明细"后，可弹出跳转明细仪表板。此仪表板效果如图 5-3-6 和图 5-3-7 所示。

图 5-3-6　现金流量分析仪表板

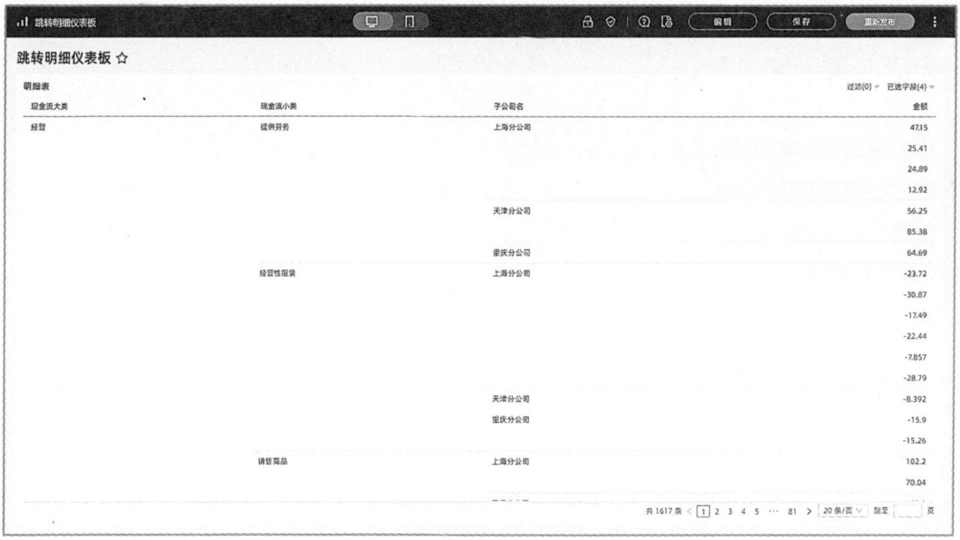

图 5-3-7　跳转明细仪表板

5.4　本章小结

本章制作的仪表板展示了 3 个子公司的现金流量状态，为使用者了解现金变动的情况、判断企业周转现金的能力、评价企业的盈利能力提供支持。

图表联动功能实现了对 3 个子公司现金流数据的动态筛选；钻取功能实现了对现金流三大类财务数据的进一步细分；跳转功能提供了从聚合数据向明细数据的跳转，提供了从宏观到微观的数据视角。这不仅丰富了仪表板的使用体验，也满足了使用者对数据进行动态筛选与呈现的需求。在选择图表时，柱图用于对比子公司，瀑布图用于对比指定财务周期的期初、期末差异，新交叉表用于展示现金流小类的明细数据，解读引起现金流量变化的原因。

现金流量分析是企业财务分析的重要部分，它是评估企业财务状况的主要手段之一。现金流量分析可以帮助企业了解其现金流的来源和去向，评估企业的偿债能力、盈利能力和运营能力，为企业决策提供重要的参考依据。

总之，数据分析师经常需要选择使用何种图表来展示数据，以及使用哪一段财务周期进行对比。这些财务管理经验的整理与落实，需要通过不停探索数据来发现问题。

5.5　练习

- 在现金流量分析仪表板中，建立柱图与新交叉表的联动。
- 对瀑布图进行颜色设置，将数值为正的矩形设为红色，将数值为负的矩形设为绿色。
- 为瀑布图增加跳转功能，当钻取到底后，通过鼠标单击可以跳转至明细仪表板。

第6章 实战案例——制作资产 周转率的仪表板

引言

本章使用 Quick BI 制作一个仪表板。通过对一份脱敏数据进行可视化图表的制作，分析企业的资产周转率，观察企业资产周转率的变化情况。结合存货、应收账款，全面地了解企业的盈利能力。

案例背景

资产周转率是企业在一定时期内销售收入净额与平均资产总额之比，其计算公式为：

资产周转率 = 本期销售收入净额 / 本期资产总额平均余额

其中：

本期资产总额平均余额 = （资产总额期初余额 + 资产总额期末余额）/2

资产周转率是衡量资产投资规模与销售水平配比的指标，在财务分析体系中具有重要地位。资产周转率反映企业经营期间全部资产从投入到产出的流转速度，可以用来评价企业资产的管理质量和利用效率。通过该指标的对比分析，能了解本年度企业资产的运营效率和变化情况，发现与同类企业在资产利用上的差异，促进企业挖掘产品潜力、提高产品市场占有率和资产利用效率。一般情况下，这个数值越高，企业总资产周转速度越快，销售能力越强，资产利用效率越高。

补充知识

与资产周转率类似，流动资产周转率反映流动资产的周转速度。周转速度快，则意味着更高效地利用了流动资产，相当于扩大了资产投入，进而增强企业盈利能力；而周转速度慢，则需要补充流动资产参加周转，造成资金浪费，影响企业盈利能力。

流动资产周转率的指标值越高，说明企业流动资产的利用效率越好。对流动资产周转率进行分析时，可以结合存货、应收账款等反映盈利能力的其他指标进行分析，能更全面评价企业的盈利能力。

6.1 步骤 1：建立数据集

为了更全面地展示公司经营期间全部资产从投入到产出的流转速度，反映出公司资产与存货的管理质量和利用效率，本节在数据集中对原始数据进行处理，创建新的计算字段"资产周转率""流动资产周转率"与"存货周转率"。

（1）在数据源界面导入本地文件"案例 2_资产周转率分析"，在数据集界面创建数据集，拖入上传的资产周转率分析表。

（2）单击"新建计算字段"按钮，弹出"新建计算字段"对话框，在"字段原名"中输入"资产周转率"，"字段表达式"为"[收入] /[资产总计]"，"数据类型"选择"度量"单选项，"字段类型"选择"数值"单选项，"数值格式化"选择"保留 2 位小数"，单击"确定"按钮，操作步骤如图 6-1-1 所示。

图 6-1-1 新建资产周转率计算字段

（3）"流动资产周转率""存货周转率"按同样方法操作，其"字段表达式"分别为"[流动资产合计]/[资产总计]""[存货余额]/[资产总计]"，创建结果如图 6-1-2 和图 6-1-3 所示。

图 6-1-2　新建流动资产周转率计算字段

图 6-1-3　新建存货周转率计算字段

（4）单击"保存"按钮，将数据集重命名为"案例 2_资产周转率分析"，单击"开始分析"命令，在下拉列表中选择"创建仪表板"命令，如图 6-1-4 所示。

图 6-1-4　选择"创建仪表板"命令

经过上述操作，我们已对原始数据进行了处理，使用"新建计算字段"创建了"资产周转率""流动资产周转率"与"存货周转率" 3 个指标，接下来使用创建好的数据集开始分析吧。

6.2　步骤 2：制作仪表板趋势线图

本节制作 3 个线图，分别展示公司总资产与周转率的关系、存货与存货周转率的关系、流动资产与流动资产周转率的关系，给 3 个线图添加趋势线，展示各自的时间变化趋势。

（1）单击"线图"图标，将"会计期间（year）"拖入"字段"面板的"类别轴/维度"区域，将"资产周转率""资产总计"拖入"字段"面板的"值轴/度量"区域，设置"资产周转率"的聚合方式为"平均值"，如图 6-2-1 所示。设置"数据展示格式"为"百分比 2 位小数"，在"样式"面板中，将主标题修改为"资产周转率趋势"。

（2）在"样式-图表样式"中勾选"显示双 Y 轴"与"不同步"复选框，在"样式—坐标轴"中取消勾选"X 轴"标签下的"显示标题和单位"复选框。在"高级"面板中，单击"趋势线"命令，弹出"趋势线"对话框，单击"添加趋势线"命令，将趋势线重命名为"资产周转率趋势"，单击"确定"按钮，如图 6-2-2 所示。最后，在"字段"面板中，单击"更新"按钮。

（3）用同样的方法设置关于存货与流动资产的线图。

图 6-2-1 字段设置

图 6-2-2 趋势线设置

（4）单击"线图"图标，将"会计期间（month）"拖入"字段"面板的"类别轴/维度"区域，将"存货周转率""存货余额"拖入"字段"面板的"值轴/度量"区域，设置"资产周转率"的聚合方式为"平均值"，设置"数据展示格式"为"百分比 2 位小数"。在"样式"面板中，将主标题修改为"存货周转率趋势"，在"坐标轴"区域勾选"显示双 Y 轴"复选框，并选择"不同步"单选项，如图 6-2-3 所示。

图 6-2-3　样式设置

（5）在"样式-坐标轴"中取消勾选"X 轴"标签下的"显示标题和单位"复选框。在"高级"面板中，单击"趋势线"命令，在弹出的"趋势线"对话框中单击"添加趋势线"命令，将趋势线命名为"存货周转率趋势"，单击"确定"按钮，如图 6-2-4 所示。最后，在"字段"面板中，单击"更新"按钮。

图 6-2-4　趋势线设置

（6）单击"线图"图标，将"会计期间（month）"拖入"字段"面板的"类别轴/维度"区域，将"流动资产周转率""流动资产合计"拖入"字段"面板的"值轴/度量"区域，设置"资产周转率"的聚合方式为"平均值"，设置"数据展示格式"

为"百分比 2 位小数"。在"样式"面板中，将主标题修改为"流动资产周转率趋势"。在"坐标轴"区域中，勾选"显示双 Y 轴"复选框，并选择"不同步"单选项，取消勾选"X 轴"标签下的"显示标题和单位"复选框，如图 6-2-5 所示。

图 6-2-5　样式设置

（7）在"高级"面板中，单击"趋势线"命令，仕弹出的"趋势线"对话框中单击"添加趋势线"命令，将趋势线命名为"流动资产周转率趋势"，单击"确定"按钮，如图 6-2-6 所示。最后，在"字段"面板中，单击"更新"按钮。

图 6-2-6　辅助线设置

经过上述操作，我们制作了 3 个线图，并通过设置双 Y 轴，展示了公司资产、流动资产、存货与其周转率随时间的变化。同时，趋势线更鲜明地展现了公司的发展状况与对资产和存货利用效率的时间变化趋势。

6.3　步骤 3：制作仪表板指标看板与柱状图

本节制作一个指标看板与柱状图，展示公司特定年度的财务数据与资产负债趋势。

（1）单击"指标看板"图标，将除"应交税费"外的所有度量拖入"样式"面板的"看板指标/度量"区域，将"流动资产周转率""存货周转率""资产周转率"3 个指标调整为"平均值"，将 3 个指标的"数据展示格式"调整为"百分比 2 位小数"，如图 6-3-1 所示。

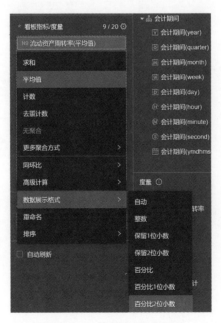

图 6-3-1　数据展示格式设置

（2）将"会计期间（year）"拖入"样式"面板的"过滤器"区域，单击字段右侧的"过滤器"图标，弹出"设置过滤器"对话框，"过滤方式"选择"单年"单选项，"过滤条件"选择"精确时间""2021"，单击"确定"按钮，如图 6-3-2 所示。

图 6-3-2　过滤器设置

（3）在"样式"面板中，将主标题修改为"本年财务数据"，"指标间关系"选择
"并列"单选项，如图 6-3-3 所示。最后，在"字段"面板中，单击"更新"按钮。

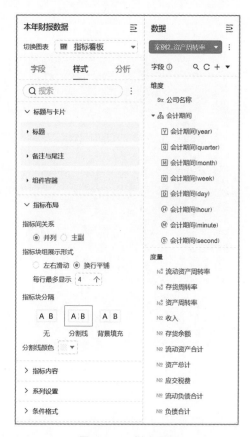

图 6-3-3　样式设置

（4）单击"柱图"图标，将"会计期间（year）"拖入"字段"面板的"类别轴/维度"区域，将"资产总计"与"负债合计"拖入"字段"面板的"值轴/度量"区域。在"样式"面板的"坐标轴"区域，取消勾选"X 轴"标签下的"显示标题和单位"复选框，取消勾选"左 Y 轴"标签下的"显示标题和单位"复选框，将主标题修改为"资产负债趋势"。最后，在"字段"面板中，单击"更新"按钮。

通过制作指标看板，展示关键指标，可以一目了然地了解企业财务状况汇总。过滤器区域是指对特定图表进行筛选。通过建立的柱图，可以看到资产与负债总计的变化趋势与两者之间的比例关系。

6.4　步骤 4：制作查询控件

本节制作查询控件。通过选择会计期间与公司名称，可以实现对特定公司和会计期间数据的筛选。

（1）单击"查询控件"图标，如图 6-4-1 所示。

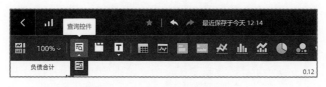

图 6-4-1　单击"查询控件"图标

（2）将"会计期间（month）"和"公司名称"拖入"查询控件"界面，在"样式"面板中勾选"隐藏查询按钮"复选框，效果如图 6-4-2 所示。

（3）单击控件右上角的"编辑"图标，在弹出的"查询条件设置"对话框中设置会计期间的查询条件。"生效模式"选择"自定义"单选项，在"关联图表及字段"中勾选"资产周转率趋势""流动资产周转率趋势"与"存货周转率趋势"复选框，单击右侧的"设定时间筛选范围"，设置默认筛选值为"2020-01"至"2020-12"，单击"确定"按钮，如图 6-4-3 所示。

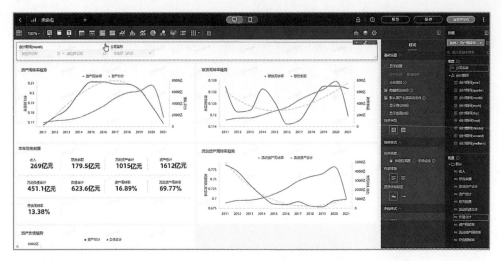

图 6-4-2 样式设置

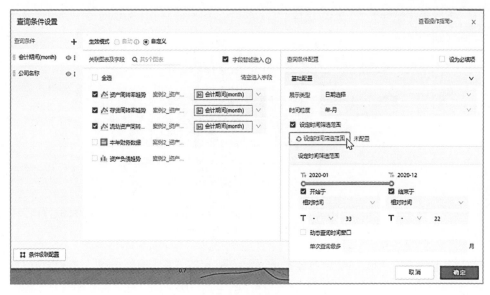

图 6-4-3 查询条件设置

通过上述操作，我们成功地设置了会计期间与公司名称的查询控件，用户可以通过选择查询条件，查看不同会计期间的"资产周转率趋势""流动资产周转率趋势"与"存货周转率趋势"，此仪表板效果如图 6-4-4 所示。

图 6-4-4　仪表板效果图

6.5　本章小结

本章制作的仪表板展现了多家公司的资产周转率与存货周转率状况。结合企业的收入与负债数据，仪表板可以帮助使用者了解公司资产从投入到产出的流转速度、短期偿债能力与资产利用效率。

本案例中，在数据集界面进行数据处理，增加计算字段，方便在财务分析中使用更有效的指标；为线图添加趋势线，更改坐标轴样式，展现了关键指标的变化趋势；指标看板能从更宏观的角度反映指定会计期间企业的资金周转与财务状况；查询控件可以使图表避免因公司过多产生数据的赘余，满足了会计期间与公司名称筛选的需求，用鼠标单击即可与其他图表实现联动。

总之，围绕核心指标进行适当的数据处理，增加与其他指标的联动，有利于我们全面认识企业在特定周期内的资产周转水平。通过对数据集进行数据预处理，Quick BI 的仪表板能发挥更大的作用。

6.6　练习

- 新建计算字段"应税所得率"，计算过程为"应交税费"除以"收入"。
- 创建"应税所得率"与"收入"的线图，并添加趋势线。
- 创建"应交税费"的指标看板，并使用"过滤器"，将数据设置为开始于 2015 的年区间。

第 7 章　实战案例——利用仪表板展示现金流入结构

引言

本章使用 Quick BI 制作一个仪表板，对不同企业 7 年间的现金流入情况进行分析，并实践仪表板中的时间轴与指标趋势图功能。

案例背景

分析现金流入结构，可以了解企业获取现金收入的途径，判断企业获取现金的能力，评价收入的质量。现金流入分为以下 3 个类型：

（1）经营活动产生的现金流入，它体现企业主营业务创造现金流入的能力。只有主业兴旺，才是获取现金的不竭源泉。

（2）投资活动产生的现金流入，对于一般企业，它不应该成为现金增加的主要来源，因为对外投资是企业经营活动的延伸而非核心。对外投资资产的所有权虽然在于投资公司，但实际控制或经营权却在于被投资公司，因此，对外投资产生的现金流具有不确定性和偶然性，不能代替经营活动成为创造现金流入的主角。

（3）筹资活动产生的现金流入，它反映企业从外部获取现金能力的大小，但是否有利还取决于其使用效果——是否带来经营活动和投资活动的现金流入，故筹资活动的现金流入同样不能成为创造现金流入的主角。

补充知识

现金流量的结构分析可以分为现金收入结构分析、支出结构分析和余额结构分析 3 个方面。

收入结构分析：现金收入结构分析反映企业各项业务活动的现金收入，如经营活动现金收入、投资活动现金收入、筹资活动现金收入等在全部现金收入中的比重，以及各项业务活动现金收入中具体项目的构成情况，明确现金究竟来自何方，要增加现金收入主要依靠什么。

支出结构分析：现金支出结构分析指企业的各项现金支出占企业当期全部现金支出的百分比，它具体反映企业的现金用在哪些方面。

余额结构分析：现金余额结构分析是指企业的各项业务活动，其现金的收支净额占全部现金余额的百分比。它反映企业的现金余额是如何构成的。

7.1 步骤 1：建立数据集

（1）在数据源界面导入本地文件"案例 3_现金流流入结构"，创建数据集，设置"营运现金流量_现金流量比率""投资现金流量_现金流量比率""筹资活动现金流量_现金流量比率"的默认展示格式为"百分比 2 位小数"，如图 7-1-1 所示。

图 7-1-1　数据集设置

（2）将数据集重命名为"案例 3_现金流流入结构"，单击"保存"按钮。单击右上角的"开始分析"命令，在下拉列表中选择"创建仪表板"命令。

7.2　步骤 2：制作时间轴与排行榜

（1）单击"时间轴"图标，如图 7-2-1 所示。将"日期（year）"拖入"字段"面板的"时间轴/时间维度"区域，将"现金净流量""净现金流量增长"拖入"字段"面板的"节点标签/度量"区域，单击"更新"按钮，如图 7-2-2 所示。

图 7-2-1　单击"时间轴"图标

图 7-2-2　字段设置

（2）在"样式"面板的"标题与卡片"区域，勾选"显示主标题"复选框，将标题名称修改为"现金净流量时间轴分析"。

（3）单击"排行榜"图标，如图 7-2-3 所示。

图 7-2-3　单击"排行榜"图标

（4）将"公司名称"拖入"字段"面板的"类别/维度"区域，将"净现金流量增长"拖入"字段"面板的"指标/度量"区域。在"样式"面板的"序号"区域，设置"TOP 3 样式"为第一种，如图 7-2-4 所示。

图 7-2-4　样式设置

（5）在"样式"面板的"标题与卡片"区域，将主标题修改为"净现金流量增长排行"。最后，在"字段"面板中，单击"更新"按钮。排行榜图效果如图 7-2-5 所示。

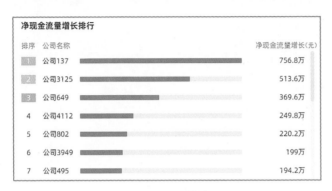

图 7-2-5　效果展示

7.3　步骤 3：制作"净现金流入结构"柱图

（1）单击"柱图"图标，如图 7-3-1 所示。

图 7-3-1　单击"柱图"图标

（2）将"日期（year）"拖入"样式"面板的"类别轴/维度"区域，将"营运现金流量_现金流量比率""投资现金流量_现金流量比率""筹资活动现金流量_现金流量比率"拖入"样式"面板的"值轴/度量"区域，"聚合方式"选择"平均值"，如图 7-3-2 所示。

（3）单击"更新"按钮。在"样式"面板的"标题与卡片"区域，将主标题修改为"现金流入结构"，在"坐标轴"区域中，取消勾选"X 轴"和"左 Y 轴"标签下的"显示标题和单位"复选框。最后，在"字段"面板中，单击"更新"按钮，柱图效果如图 7-3-3 所示。

图 7-3-2　字段设置

图 7-3-3　效果展示

7.4 步骤 4：制作指标趋势图

（1）单击"指标趋势图"图标，如图 7-4-1 所示。

图 7-4-1 单击"指标趋势图"图标

（2）将"日期（quarter）"拖入"样式"面板的"日期/维度"区域，将"现金净流量""营运现金净流量""投资现金净流量""筹资活动现金净流量"拖入"样式"面板的"指标/度量"区域。设置"指标默认取值"为"最新日期数据"，单击"更新"按钮。效果如图 7-4-2 所示。

图 7-4-2 效果展示

7.5 步骤 5：制作查询控件

（1）单击"查询控件"图标，如图 7-5-1 所示。

图 7-5-1　单击"查询控件"图标

（2）将"公司名称"与"日期（year）"拖入"查询控件"界面，在"样式"面板中勾选"隐藏查询按钮"复选框，如图 7-5-2 所示。

图 7-5-2　勾选"隐藏查询按钮"复选框

（3）在"查询控件"界面右上角单击"编辑"图标，弹出"查询条件设置"对话框。设置两个指标的"生效模式"为"自定义"，"关联图表及字段"中勾选除"净现金流量增长排行"外的 3 个图表，单击"确定"按钮，如图 7-5-3 所示。

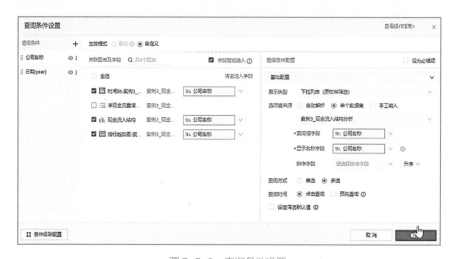

图 7-5-3　查询条件设置

我们通过拖曳的方式对仪表板上的图表进行简单排版，完成了现金流流入结构分析的仪表板制作，效果如图 7-5-4 所示。

图 7-5-4　"现金流流入结构分析仪表板"效果展示

7.6　本章小结

本章制作的仪表板展示了公司现金流量与净现金流量的增长状况，并对现金流入的结构进行分析，为使用者了解各个现金收入中的比重和构成情况提供参考，帮助企业明确现金来源的各部分占比，以便进行策略调整以增加现金流入。

首先，通过对现金流入结构的分析，企业可以了解自身的收入来源和规模，进而根据实际情况制订更加合理的收入预算和经营计划。例如，如果企业的现金流入主要来自某一项业务或某一类客户，那么企业可以加大对这一项业务或这一类客户的投入，以进一步提高收入水平。

其次，通过分析现金流入结构，企业可以发现潜在的收入增长点，进而采取措施提高收入水平。例如，如果企业发现某一项业务或某一类客户的现金流入规模较小，但具有潜在的增长空间，那么企业可以采取针对性的措施，如加大对这一项业务或这一类客户的宣传力度，以吸引更多的客户，提高收入水平。

　　最后，通过分析现金流入结构，企业可以了解不同来源的现金流入速度和规模，进而根据实际情况调整资金使用计划，优化资金运作，提高资金使用效率。例如，如果企业发现某一项业务或某一类客户的现金流入速度较快，那么企业可以加大对这一项业务或这一类客户的投入，以提高资金使用效率。

　　本案例中，时间轴按时间脉络展示了公司的现金净流量增长状况。现金净流量增长排行展示出现金净流量增长位于头部的企业，帮助企业了解竞争对手与自身在市场中处于的地位。指标趋势图上部分展现了最新日期数据，使用者可以通过单击需要查询的指标，并在面积图上查看现金净流量的增长状况及各自占比。

7.7　练习

- 制作"营运现金净流量"增长的时间轴，并设置筛选时间为 2016—2021 年。
- 制作"净现金流量增长"的指标趋势图，并选择"阶段汇总数据"。

第 8 章 实战案例——利用仪表板
分析利润构成与盈利能力

引言

本章使用 Quick BI 制作一个仪表板，通过对某公司各产品的销售数据进行可视化图表的制作，把握企业的利润构成，并对各个产品的盈利能力进行分析。

案例背景

销售利润率是企业利润与销售额之间的比率，以销售收入为基础分析企业获利能力，反映销售收入收益水平的指标，即每元销售收入所获得的利润。销售利润率属于盈利能力类指标，其他衡量盈利能力的指标还有销售净利率、净资产收益率、权益净利率、已占用资产回报率、净现值、内部收益率、投资回收期等。

补充知识

虽然利润和盈利这两个术语在日常中经常混用，但它们之间又有所不同。要充分判断一家公司是否财务稳健或具备增长潜力，投资者必须首先弄清楚公司利润和盈利的区别。

利润是一个绝对数字，由收入或收入在公司成本或费用之外的数额所决定。它的计算方法是总收入减去总费用，出现在公司的损益表上。无论业务规模、范围或所在行业，公司的目标始终是盈利。盈利能力与利润构成密切相关，但有一个关键区别：与利润构成不同，盈利能力是一个相对数量。它是衡量公司利润与业务规模之间关系的指标。盈利能力是衡量效率的标准——最终衡量效率的成败。对盈利能力的进一步定义是企业资源与其他投资相比产生投资回报的能力。

8.1 步骤 1：创建数据集

在数据源界面导入本地文件"案例 4_销售额与盈利能力"。在数据集界面创建数据集，将数据集重命名为"案例 4_利润与盈利能力"，单击"保存"按钮。单击右上角的"开始分析"命令，在下拉列表中选择"创建仪表板"命令。

8.2 步骤 2：制作指标看板

（1）单击"指标看板"图标，如图 8-2-1 所示。

图 8-2-1　单击"指标看板"图标

（2）将"日期（year）"拖入"字段"面板的"看板标签/维度"区域，将"销售额"拖入"字段"面板的"看板指标/度量"区域，将"日期（year）"拖入"字段"面板的"过滤器"区域。弹出"设置过滤器"对话框，"过滤方式"选择"单年"单选项，"过滤条件"选择"相对时间""2018"，如图 8-2-2 所示。单击"更新"按钮。

图 8-2-2　设置过滤器

（3）在"样式"面板中，勾选"显示主指标修饰图"复选框，"修饰图位置"选择"上方"单选项，如图 8-2-3 所示。

图 8-2-3　设置样式

（4）单击"指标看板"图标，将"日期（year）"拖入"字段"面板的"标签/维度"区域，将"利润"拖入"字段"面板的"指标/度量"区域，将"日期（year）"拖入"字段"面板的"过滤器"区域，在弹出的"设置过滤器"对话框中，"过滤方式"选择"单年"单选项，"过滤条件"选择"相对时间""2018"，单击"更新"按钮。

（5）在"样式"面板中，勾选"显示主指标修饰图"复选框，"修饰图位置"选择"上方"单选项，指标看板效果如图 8-2-4 所示。

图 8-2-4　指标看板效果

（6）单击"指标看板"图标，将"日期（year）"拖入"字段"面板的"标签/维度"区域，将"净利润率"拖入"字段"面板的"指标/度量"区域，设置聚合方式为"平均值","数据展示格式"选择"百分比2位小数",将"日期（year）"拖入"字段"面板的"过滤器"区域,在弹出的"设置过滤器"对话框中,"过滤方式"选择"单年"单选项,"过滤条件"选择"相对时间""2018",单击"更新"按钮。

（7）在"样式"面板中,勾选"显示主指标修饰图"复选框,"修饰图位置"选择"上方"单选项,指标看板效果如图 8-2-5 所示。

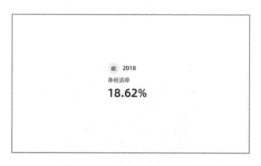

图 8-2-5　指标看板效果展示

8.3　步骤 3：制作组合图并添加辅助线

（1）单击"组合图"图标,如图 8-3-1 所示。

图 8-3-1　单击"组合图"图标

（2）将"日期（year）"拖入"字段"面板的"类别轴/维度"区域,将"利润"与"销售额"拖入"字段"面板的"主值轴/度量"区域,设置聚合方式为"平均值"。将"净利润率"拖入"字段"面板的"副值轴/度量"区域,设置聚合方式为"平均值",将指标展示样式调整为"线",如图 8-3-2 所示。在"样式"面板中将主标题修改为"利润构成与盈利能力",在"X 轴"标签下取消勾选"显示标题与单位"复选框。在"字段"面板中,单击"更新"按钮。

图 8-3-2　设置字段

（3）在"高级"面板中，单击"辅助线"右侧的"编辑"图标，弹出"辅助线"对话框，单击"添加辅助线"按钮，为"固定值"选择"从轴"，输入值为"0.1"，单击"确定"按钮，如图 8-3-3 所示。

图 8-3-3　设置辅助线

8.4 步骤 4：制作排行榜

　　单击"排行榜"图标，将"产品名称"拖入"字段"面板的"类别/维度"区域，将"净利润率"拖入"字段"面板的"指标/度量"区域。在"样式"面板中将主标题名称修改为"产品销售利润排行"，在"序号"区域，设置"TOP 3 样式"为第一种，如图 8-4-1 所示。在"字段"面板中，单击"更新"按钮。

图 8-4-1　设置样式

8.5 步骤 5：新建矩形树图并实现联动功能

　　（1）单击"矩形树图"图标，如图 8-5-1 所示。

图 8-5-1 单击"矩形树图"图标

（2）将"子类别"拖入"字段"面板的"色彩标签/维度"区域，将"利润"拖入"字段"面板的"色块大小/度量"区域，在"样式"面板中将主标题名称修改为"利润构成"，单击"高级"面板中"联动"右侧的"编辑"图标，在弹出的"图表联动设置"对话框中进行设置，如图 8-5-2 所示。在"字段"面板中，单击"更新"按钮。

图 8-5-2 设置图表联动

通过上述操作，我们完成了利润构成与盈利能力分析的仪表板，通过鼠标拖曳的方式对图表进行简单排版，效果如图 8-5-3 所示。

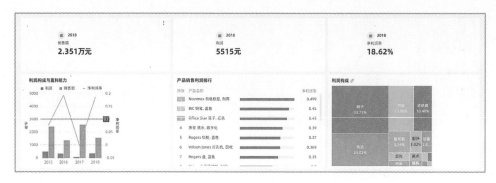

图 8-5-3　效果展示

8.6　本章小结

本章制作的仪表板展示了公司的销售额与盈利能力变化，并在地区、产品等维度展示出其利润构成，为使用者调整企业产品生产和销售布局提供参考。

在本案例中，指标看板展示了数据最新年份的销售额、利润等年度数据与净利润率的平均值。在利润、销售额与净利润率的组合图中插入辅助线，可以帮助使用者了解各年度的净利润率达标情况。色彩地图与产品销售利润率排行榜，展示了公司利润率最高的 20 个产品与利润的地区分布，帮助企业及时调整产品与地区销售策略。利润构成展现出利润占比较大的产品小类，并可以通过联动功能，观察其利润、销售额与净利润率 3 年间的变化。

8.7　练习

- 创建"销售额"的指标看板，日期设置为近 3 年。
- 分析各产品的利润构成，并实现与"利润构成与盈利能力"图表的联动。
- 使用"色彩地图"展示销售额的地区分布，并实现与 3 个指标看板的联动。

第 9 章　实战案例——利用仪表板实现预算与费用评估

引言

本章使用 Quick BI 制作一个仪表板，对企业的预算成本与实际成本状况进行可视化展现，使用堆积面积图、条形图与钻取功能等对企业的预算及执行情况进行分析。

案例背景

预算分析是对企业在一段时期内的整体运营及财务状况进行分析，随着全面管理的逐渐推广，分析与预算管理的结合愈加紧密。常见的预算分析方法包括差异分析、对比分析和结构分析等。通过预算分析，企业不仅能掌握预算的执行情况，反映预算管理的效果，而且能进一步揭示预算管理中存在的种种不足，满足企业管理及相关的重大财务政策与风险监控的需要，促进管理层采取措施，及时调整，不断提高预算管理水平。

补充知识

企业进行预算分析时，对预算执行报告中所揭示的重大差异可进行原因分析。内容包括对发生超收、少收、超支、少支等事项的深层次原因进行挖掘和研究，预算执行发生重大差异的，可进一步寻找影响指标完成情况的内外部因素，追踪造成差异的外部经营环境、企业运营、预算执行、各项基础管理等方面的深层次原因，并落实预算责任。

其中，对于销售预算执行差异可从销售策略、市场环境因素、运行管理等角度来分析影响因素；对于动力预算执行差异可从动力结构（基数内、基数外）变化、政策影响、产量等角度来分析影响因素；对于销售成本预算执行差异可从材料数量、价格、期初库存、低价料比例、运行管理等角度来分析影响因素。

9.1 步骤 1：创建数据集

（1）在数据源界面导入本地文件"案例 5_事实表""案例 5_成本分类表""案例 5_预算表""案例 5_产品表"。

（2）使用"案例 5_事实表"在数据集界面创建数据集，将"案例 5_事实表"与"案例 5_成本分类表"关联，在"数据关联"模块下，设置关联字段为"案例 5_事实表"的"COL_4"与"案例 5_成本分类表"的"COL_1"，删除多余数据关联，单击"确定"按钮，如图 9-1-1 所示。

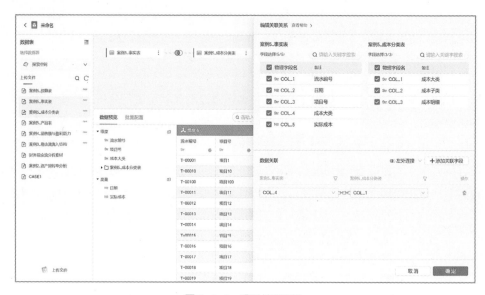

图 9-1-1　设置关联字段

（3）将"案例 5_事实表"与"案例 5_预算表"关联，关联字段为"案例 5_事实表"中的 COL_3 与"案例 5_预算表"中的 COL_1，删除多余数据关联，单击"确定"按钮。

（4）将"案例 5_预算表"与"案例 5_产品表"关联，关联字段为"案例 5_预算表"的 COL_4 与"案例 5_产品表"的 COL_1，删除多余数据关联，单击"确定"按钮。

（5）单击"新建计算字段"按钮，在弹出的"新建计算字段"对话框中，在"字段原名"中输入"实际与预算差额"，"字段表达式"为"[实际成本]-[预算成本]"，"数据类型"选择"度量"单选项，"字段类型"选择"数值"单选项，单击"确定"按钮，如图 9-1-2 所示。

图 9-1-2　新建计算字段

（6）将"日期"转换为维度，在"维度类型切换-日期"子菜单中选择"yyyyMMdd"命令，如图 9-1-3 所示。

图 9-1-3　日期设置

（7）将数据集重命名为"预算与费用分析"，单击"保存"按钮，单击右上方"开始分析"命令，在下拉列表中选择"创建仪表板"命令。

9.2 步骤 2：制作指标看板与组合图

（1）单击"指标看板"图标，将"实际成本"拖入"字段"面板的"看板指标/度量"区域，单击"更新"按钮。再单击"指标看板"图标，将"预算成本"拖入"字段"面板的"看板指标/度量"区域，单击"更新"按钮。效果如图 9-2-1 所示。

图 9-2-1　指标看板效果

（2）单击"组合图"图标，将"日期（month）"拖入"字段"面板的"类别轴/维度"区域，将"实际成本""预算成本"与"实际与预算差额"拖入"字段"面板的"主值轴/度量"区域，单击"实际成本"右上角的"更多"，设置"图形样式"为"线"，单击"预算成本"右上角的"更多"，设置"图形样式"为"线"。单击"字段"面板中"更新"按钮，组合图效果如图 9-2-2 所示。

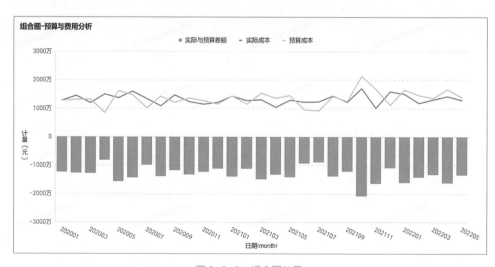

图 9-2-2　组合图效果

（3）在"样式"面板中取消勾选"显示主标题"复选框，将标题修改为"实际与预算成本差异趋势分析"，在"坐标轴"的"X 轴"和"左 Y 轴"标签下，取消勾选"显示标题与单位"复选框，在"系列设置"标签下选择"实际与预算差额"，并勾选"显示数据标签"复选框。

9.3　步骤 3：制作条形图并进行钻取

（1）单击"条形图"图标，将"成本大类"拖入"字段"面板的"类别轴/维度"区域，将"实际成本"拖入"字段"面板的"值轴/度量"区域。

（2）单击"成本大类"右侧的"钻取"图标，将"成本子类"与"成本明细"拖入"字段"面板的"钻取/维度"区域，如图 9-3-1 所示。在"样式"面板中，将标题修改为"实际成本明细"，取消勾选"X 轴"标签下的"显示标题和单位"复选框。在"字段"面板中，单击"更新"按钮，完成实际成本明细的钻取功能设置。

图 9-3-1　设置钻取功能

9.4 步骤 4: 制作堆积面积图与饼图

（1）单击"堆积面积图"图标，将"业务分类"拖入"字段"面板的"类别轴/维度"区域，将"实际成本"与"实际与预算差额"拖入"字段"面板的"值轴/度量"区域。在"样式"面板中设置主标题为"各业务实际成本与预算"，在"坐标轴"区域的"X 轴"标签下，取消勾选"显示标题与单位"复选框，在"图表样式"区域下勾选"显示数据标签"复选框。在"字段"面板中，单击"更新"按钮。如图 9-4-1 所示。

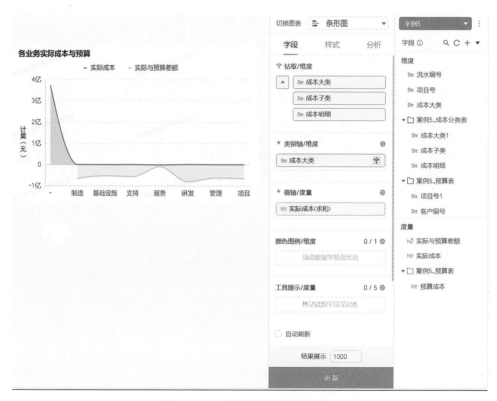

图 9-4-1 堆积面积图的设置及效果

（2）单击"饼图"图标，将"业务分类"拖入"字段"面板的"扇区标签/维度"区域，将"预算成本"拖入"字段"面板的"扇区角度/度量"区域。在"样式"面板中设置主标题为"预算构成情况"。在"字段"面板中，单击"更新"按钮。如图 9-4-2 所示。

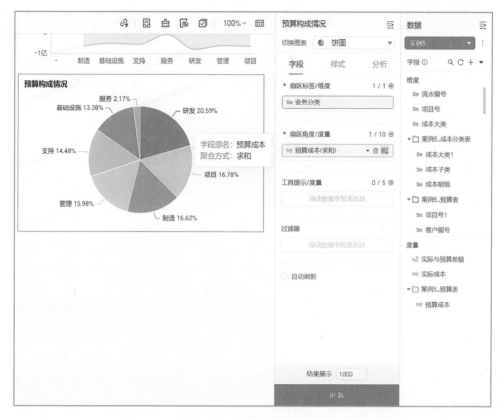

图 9-4-2　饼图的设置及效果

（3）单击"饼图"图标，将"业务分类"拖入"字段"面板的"扇区标签/维度"区域，将"实际成本"拖入"字段"面板的"扇区角度/度量"区域。在"样式"面板中设置主标题为"实际成本构成情况"。在"字段"面板中，单击"更新"按钮。

通过上述操作步骤，我们制作完成了"预算与费用评估"仪表板，通过对图表进行简单的拖曳操作，仪表板效果如图 9-4-3 所示。

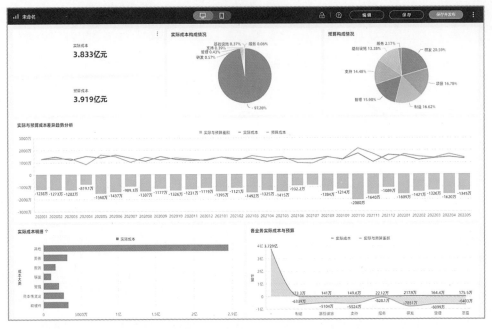

图 9-4-3　仪表板效果

9.5　本章小结

本章制作的仪表板展示了企业成本预算的组成状况及其与实际成本之间的差异，帮助使用者了解预算的执行和完成情况。

本案例中，组合图中的折线展示出企业各月实际成本与预算成本的变化，矩形显示出实际与预算差额的具体数值，帮助使用者全面细致地了解预算执行情况，及时更改预算执行策略。实际成本明细通过钻取功能实现了进一步细分。堆积面积图可以帮助企业了解各部门"实际与预算成本差额"和"实际成本"的相对比例关系，分析预算执行差异的原因，提出调整、修正、改进差异的相关建议，并提出具体的行动方案等，为预算调整提供决策依据，保证预算目标的达成。

9.6　练习

- 对组合图进行设置，增加标注，将实际成本超出预算成本的月份的柱图设置为红色。
- 创建预算成本的条形图，并进行钻取，使之可以查看特定成本大类中的明细状况。
- 制作各项目的预算成本与实际成本堆积面积图。

第 10 章　实战案例——利用仪表板将成本管理可视化

引言

本章使用 Quick BI 制作一个仪表板。通过对一份脱敏数据进行可视化图表的制作，对企业的成本状况进行分析与数据预估，并使用多个数据集进行仪表板制作。

案例背景

$$计划成本-实际成本=差异额$$

其中，计划成本是指根据计划期内的各种消耗定额和费用预算，以及有关资料预先计算的成本，它反映计划期产品成本应达到的标准，是计划期在成本方面的努力目标。实际成本又被称为历史成本，是指取得或制造某项财产物资时所实际支付的现金或者现金等价物。它主要是针对产品或劳务而言的，但也包括原材料采购的实际成本和销售实际成本等，所以实际成本是一个广泛的概念。它是指实际发生的耗费代价。相对于估计成本而言，实际成本是指已经发生，可以明确确认和计量的成本。

补充知识

定额成本是企业产品生产成本的现行定额，它反映了当期应达到的成本水平。合理的现行成本定额是衡量企业成本节约或超支的尺度。企业在产品生产过程中，根据制定的定额成本来控制实际成本的发生，以达到降低成本的目的。它主要适用于产品已经定型，产品品种与工艺规程基本稳定，各项定额较为齐全、准确，原始记录及计量等方面具备健全的管理制度的较大生产企业。

计划成本与定额成本是不同的，计划成本是按计划期内平均定额水平计算的，而定额成本是按现行定额计算的；计划成本反映平均水平，定额成本反映当时应达到的水平。

10.1　步骤 1：创建数据集

（1）在数据源界面导入数据"案例 6_预算对比表"，单击"创建数据集"命令，将"案例 6_预算对比表"拖入右侧区域，单击"保存"按钮，命名为"案例 6_预算对比表"，单击"退出"按钮回到数据源界面。

（2）在数据源界面，导入数据"案例 6_成本管理"，单击"创建数据集"命令。单击"新建计算字段"按钮，弹出"新建计算字段"对话框，在"字段原名"中输入"实际与计划成本差额"，"字段表达式"为"[实际成本]-[计划成本]"，"数据类型"选择"度量"单选项，"字段类型"选择"数值"单选项，单击"确定"按钮，如图 10-1-1所示。

图 10-1-1　新建计算字段

（3）对"日期"进行设置，将"日期"转换为"维度"，在"维度类型切换-日期"子菜单中的"yyyyMMdd"命令，如图 10-1-2 所示。单击"保存"按钮，命名为"案例 6_成本管理"，单击"确定"按钮。单击右上角的"开始分析"命令，在下拉列表中选择"创建仪表板"命令。

图 10-1-2　设置维度类型切换

10.2　步骤 2：制作指标看板与组合图

（1）单击"指标看板"图标，把"实际成本"拖入"字段"面板的"看板指标/度量"区域，单击"更新"按钮，如图 10-2-1 所示。

（2）再次单击"指标看板"图标，把"计划成本"拖入"字段"面板的"看板指标/度量"区域，单击"更新"按钮。

（3）再次单击"指标看板"图标，把"实际与计划成本差额"拖入"字段"面板的"看板指标/度量"区域，单击"更新"按钮。

（4）单击"组合图"图标，将"日期（month）"拖入"字段"面板的"类别轴/维度"区域，单击字段右侧的"更多"，设置"日期展示格式"为"M 月"；将"计划成本"与"实际成本"拖入"字段"面板的"主值轴/度量"区域，单击"实际成本"右侧的"更多"，设置"实际成本"的"图形样式"为"线"。将"日期（year）"拖入"字段"面板的"过滤器"区域，在弹出的"设置过滤器"对话框中，"过滤方式"选择"单年"单选项，"过滤条件"选择"精确时间""2020"，单击"确定"按钮，如图 10-2-2 所示。在"字段"面板中，单击"更新"按钮。

图 10-2-1　设置"字段"面板

图 10-2-2　设置过滤器

（5）在"样式"面板中将主标题修改为"2020 月度计划成本与实际成本"，取消勾选"坐标轴"区域"X 轴"和"左 Y 轴"标签下的"显示标题和单位"复选框，如图 10-2-3 所示。

图 10-2-3　设置样式

10.3　步骤 3：制作雷达图与排行榜

（1）单击"雷达图"图标，如图 10-3-1 所示。

图 10-3-1　单击"雷达图"图标

（2）将"业务分类"拖入"字段"面板的"分支标签/维度"区域，将"计划成本"与"实际成本"拖入"字段"面板的"分支长度/度量"区域。在"样式"面板中，将主标题修改为"业务成本结构"。在"字段"面板中，单击"更新"按钮，如图 10-3-2 所示。

图 10-3-2　设置字段

（3）单击"排行榜"图标，将"负责人"拖入"字段"面板的"类别/维度"区域，将"实际与计划成本差额"拖入"字段"面板的"指标/度量"区域。在"样式"面板中，将主标题修改为"负责人差异额排行"。在"字段"面板中，单击"更新"按钮，如图 10-3-3 所示。

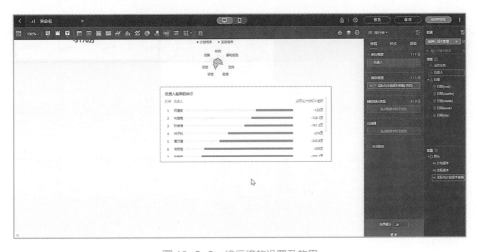

图 10-3-3　排行榜的设置及效果

10.4 步骤 4：制作新数据集组合图

（1）在右侧面板选择"组合图"，单击右上角的"数据"，在下拉列表中选择"案例 6_预算对比表"数据集，如图 10-4-1 所示。

（2）将"日期（month）"拖入"字段"面板的"类别轴/维度"区域，将"实际值""估计值 1""估计值 2""估计值 3"拖入"字段"面板的"主值轴/度量"区域，设置"实际值"的"图形样式"为"面"，设置"估计值 1""估计值 2""估计值 3"的"图形样式"为"线"，如图 10-4-2 所示。在"样式"面板中，将主标题修改为"成本估值效果"。在"字段"面板中，单击"更新"按钮。

图 10-4-1　更改数据集

（3）单击"样式"面板，取消勾选"X 轴"和"左 Y 轴"标签下的"显示标题和单位"复选框，如图 10-4-3 所示。

（4）通过上述操作步骤，我们完成了"成本管理"仪表板，通过对图表进行拖曳操作实现简单排版，仪表板效果如图 10-4-4 所示。

图 10-4-2　设置字段图形样式

图 10-4-3　设置样式

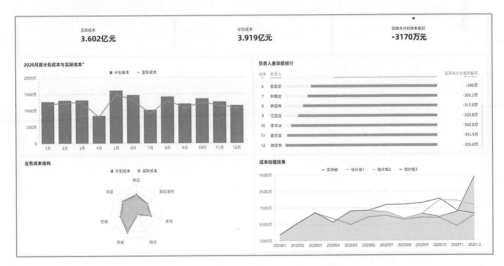

图 10-4-4　成本管理仪表板效果图

10.5　本章小结

本章制作的仪表盘展示了企业 2020 年月度的计划成本和实际成本，可以帮助企业直观地了解预算与实际的差额，发现预算执行过程中出现异常的原因，有针对性地做出决策调整。

本案例中，折线图反映了 2020 年月度计划成本和实际成本的实际值，2020 年度计划成本总额、实际成本总额与二者差额。计划成本和实际成本的业务构成包括项目、制造、基础设施、支持、服务、研发和管理。雷达图展示了各业务分类预算与执行情况的对比。条形图表示各负责人所负责部分实际与计划成本差额的排行。使用者通过以上图表，可以直观了解实际成本和计划成本的差额，进行成本的分析和考核，了解成本定额和计划的完成情况，掌握成本变化的特征和发展趋势，洞悉成本管理中存在的问题，便于有针对性地采取措施，降低成本，提高企业成本管理水平。

10.6　练习

- 将排行榜的排序方式设置为"升序"，并更改 TOP 3 的样式。
- 将日期展示格式设置为"YYYY 年 M 月"。
- 在本章制作的仪表板中使用之前导入的数据集"案例 5_产品表"，制作"成本大类"与"实际成本"的线图。

第 11 章　实战案例——采用数据大屏展现销售业绩与目标

引言

本章使用 Quick BI 制作一个数据大屏。通过对一份脱敏数据进行可视化图表的制作，分析企业的销售业绩与目标，学习制作数据大屏。

案例背景

企业的所有商业行为均是为了销售产品或达成服务，企业通常会制定不同时期及地区的销售任务指标，即销售目标。通过分析年度、月度销售目标或地区销售目标与达成程度，我们可以对企业的未来目标进行合理分解，帮助企业把控消费者与市场情况，及时采取措施，调整商业策略。

补充知识

销售企业应该如何制定销售目标呢？

一是根据销售增长率确定。销售增长率是本年销售实绩与前一年度销售实绩的比率。想求出精确的增长率，企业需要从过去几年的增长率着手，求出平均增长率，或利用趋势分析推断下一年的增长率。有时，也以经济增长率或业界增长率来代替销售增长率。

二是根据市场占有率确定。市场占有率是企业销售额占业界总的销售额的比率。

三是根据市场增长率确定。如果企业希望扩大其市场占有份额，就可以用市场增长率来确定销售收入目标值。

四是根据盈亏平衡公式确定。这是中小民营企业最常用的方法之一，这种目标确定方式方便确定奖金和提成的系数。

总之，影响企业销售目标制定的因素有很多，企业老板或者其他经营管理者只有综合分析各种因素，结合各种制定销售目标的方法，才能制定出最适合企业发展和需要的销售目标。

11.1 步骤 1：创建数据大屏

（1）在数据源界面，导入数据"案例 7_销售业绩与目标"，单击"创建数据集"命令。

（2）在数据集编辑界面，单击"购药时间"右下角的图标，在下拉列表中选择"维度类型切换—日期"子菜单中的"yyyyMMdd"命令，如图 11-1-1 所示。

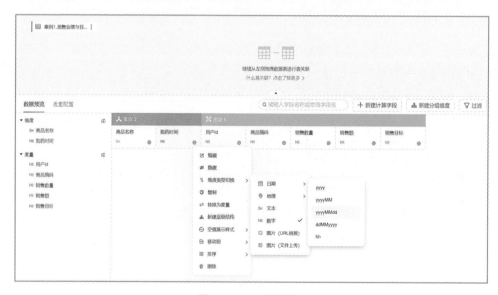

图 11-1-1　设置日期

（3）单击"新建计算字段"按钮，在弹出的"新建计算字段"对话框中，"字段原名"处输入"销售额与销售目标差额"，"字段表达式"为"[销售额-销售目标]"，"数据类型"选择"度量"单选项，"字段类型"选择"数值"单选项，单击"确定"按钮，如图 11-1-2 所示。

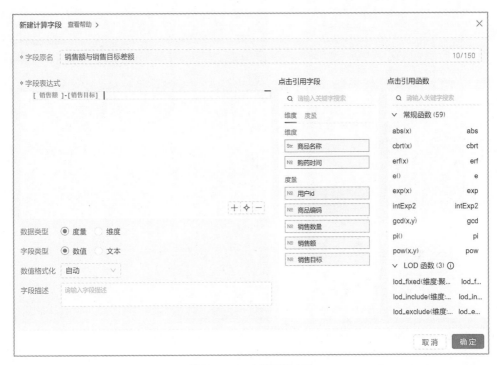

图 11-1-2　新建计算字段

（4）将数据集重命名为"案例 7_销售业绩与目标分析"，单击"保存"按钮。单击右上角的"开始分析"命令，在下拉列表中选择"创建数据大屏"命令。

11.2　步骤 2：制作翻牌器

（1）在"图表"面板中单击"翻牌器"，如图 11-2-1 所示，将其拖入主界面中。

（2）将"销售额"拖入"字段"面板的"翻牌器数值/度量"区域，单击"更新"按钮，如图 11-2-2 所示。

图 11-2-1 将"翻牌器"拖入主界面

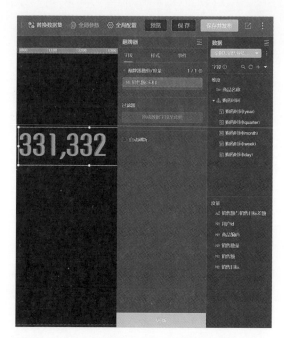

图 11-2-2 设置字段

（3）在"文本"面板中，将文本框拖入主界面，双击输入文字"年度销售额"，
如图 11-2-3 所示。

图 11-2-3 添加文本框

（4）在左上角的"图表"面板中，将"翻牌器"拖入主界面中。将"销售目标"
拖入"字段"面板的"翻牌器数值/度量"区域，单击"更新"按钮。在"文本"面板
中，将文本框拖入主界面，双击输入文字"年度销售目标"。

11.3 步骤 3：制作环形进度条

在"图表"面板中，将"环形进度条"拖入主界面中。将"销售额"拖入"字段"

面板的"进度值/度量"区域,"目标值/度量"选择"动态字段",将"销售目标"拖入"目标值/度量"区域,单击"更新"按钮。效果如图 11-3-1 所示。

图 11-3-1　环形进度条效果

11.4　步骤 4:制作面积图

在"图表"面板中,将"面积图"拖入主界面中。将"购药时间(month)"拖入"字段"面板的"类别轴/维度"区域,将"销售目标"与"销售额"拖入"字段"面板的"值轴/度量"区域,单击"更新"按钮。效果如图 11-4-1 所示。

图 11-4-1　面积图效果

11.5　步骤 5:制作占比滚动排行榜与基础排行榜

(1)在"图表"面板中,将"占比滚动排行榜"拖入主界面中。将"商品名称"拖入"字段"面板的"类别/维度"区域,将"销售额与销售目标差值"拖入"字段"面板的"指标/度量"区域,单击"更新"按钮。效果如图 11-5-1 所示。

图 11-5-1　占比滚动排行榜效果

（2）在"文本"面板中，将"文本框"拖入主界面，双击后输入文字"商品销售额与销售目标差额排行榜"。

（3）在"图表"面板中，将"基础排行榜"拖入主界面中。将"购药时间（month）"拖入"字段"面板的"类别/维度"区域，将"销售额与销售目标差额"拖入"字段"面板的"指标/度量"区域，单击"更新"按钮，如图 11-5-2 所示。

图 11-5-2　展示销售业绩与销售目标之间的差额

（4）在"文本"面板中，将"文本框"拖入主界面，双击后输入文字"各月销售额与销售目标差额排行榜"。调整各图表元素的长和宽，进行排版。

通过上述操作步骤，我们完成了展现销售业绩与目标的数据大屏，通过对图表的简单排版，数据大屏效果如图 11-5-3 所示。

图 11-5-3　展现销售业绩与目标的数据大屏

11.6　本章小结

销售目标达成分析是企业财务管理中非常重要的一环。它可以帮助企业更好地了解自己的销售情况，进而制定更有效的财务策略，实现更高效的财务管理，从而推动企业的发展。

本章制作的数据大屏，围绕"销售目标的完成情况"这一核心进行可视化呈现。翻牌器展示了企业半年内的销售目标与销售额数据，配合文本进行数据介绍。环形进度条展示了销售目标完成情况，帮助使用者了解企业的年度销售业绩。占比滚动排行榜则展示了商品的市场销售状况，助力企业通过决策调整，吸引更多消费者。

通过各月的销售目标与销售额度面积图、各月销售额与销售目标差额排行榜，使用者可以了解各月更详细的数据，数据大屏的独特数据表现形式适合在无须交互的大尺寸显示器上显示，帮助使用者获取实时数据。

11.7 练习

- 制作商品销售数量的排行榜。
- 制作 5 月的销售额与目标环形进度条，查看 5 月的销售目标完成情况。
- 将"各月销售额与销售目标差额排行榜"的文字样式设置为"楷体"、大小为 30px。

第 12 章　实战案例——利用仪表板看清楚应收账款

引言

本章使用 Quick BI 制作一个仪表板，进行交叉表的新实践，并使用指标趋势图、线图等对应收账款的变化及其周转率进行分析。

案例背景

应收账款周转率反映了指定分析期间内应收账款转为现金的平均次数，其计算公式有理论和运用之分，两者的区别仅在于销售收入是否包括现销收入。可以把现销业务理解为在赊销的同时收回货款，这样，销售收入包括现销收入的运用公式，同样符合应收账款周转率指标的含义。

- 理论公式：应收账款周转率=（赊销收入/应收账款平均余额）×100%，其中赊销收入=销售收入−销售退回−现销收入。
- 运用公式：应收账款周转率=[当期销售净收入/（期初应收账款余额+期末应收账款余额）]×100%，其中销售净收入=销售收入−销售退回。

应收账款周转率越高，说明企业收回账款的速度越快，资产流动性强，企业偿债能力强。反之，说明营运资金被过多占用，不利于企业资金正常周转，影响偿债能力。企业一般以 3 作为标准参考值（本例中使用的计算方式为应收账款周转率（次）=销售收入÷平均应收账款）。

补充知识

应收账款具有两面性。

应收账款的积极作用主要体现在企业生产经营过程中。有以下两个方面：一是扩张生存空间，抢占市场份额。应收账款利于企业进行赊销操作。二是减少库存，降低成本，提高利润。企业持有的产成品存货要放在仓库保管，产生支出管理费、仓储费等；而企业持有应收账款，则不需要以上任何费用。企业将产成品存货赊销出去，把存货转化为应收账款，减少产成品存货，可以节省相关费用。

应收账款也存在以下问题：一是降低企业的资金使用效率，导致企业效益下降。因为应收账款是企业被占用的资金，如果企业急需资金周转，而应收账款又不能及时收回，就很可能影响企业的正常经营。二是夸大企业经营成果，增加企业风险成本。企业应收账款的大量存在，虚增了账面上的销售收入，在一定程度上夸大了企业经营成果，也导致企业的风险成本增加。

12.1 步骤 1：创建仪表板

（1）在数据源界面导入本地文件"案例 8_应收账款分析"。

（2）单击"创建数据集"命令，再单击"新建计算字段"按钮，弹出"新建计算字段"对话框，在"字段原名"中输入"应收账款周转率"，"字段表达式"为"[营业收入]/[应收账款]"，"数据类型"选择"度量"单选项，"字段类型"选择"数值"单选项，"数值格式化"选择"保留 2 位小数"，单击"确定"按钮，如图 12-1-1 所示。

图 12-1-1　新建计算字段

（3）将"日期"转换为维度，通过"维度类型切换"子菜单设置日期样式为
"yyyyMMdd"。

（4）将数据集重命名为"案例 8_应收账款"，单击"保存"按钮，再单击"开始
分析"命令，在下拉列表中选择"创建仪表板"命令。

12.2 步骤 2：制作线图

（1）单击"线图"图标，将"日期（month）"拖入"字段"面板的"类别轴/维
度"区域，将"应收账款周转率"拖入"字段"面板的"值轴/度量"区域，设置聚合
方式为"平均值"。单击"更新"按钮，如图 12-2-1 所示。

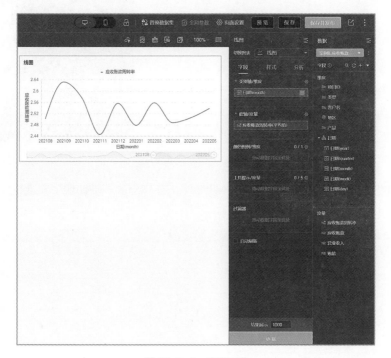

图 12-2-1 设置字段

（2）在"样式"面板中，设置标题为"应收账款周转率趋势"，在"坐标轴"区
域，取消勾选"X 轴"与"左 Y 轴"标签下的"显示主标题"复选框。在"系列设置"
区域勾选"显示最值"复选框，如图 12-2-2 所示。

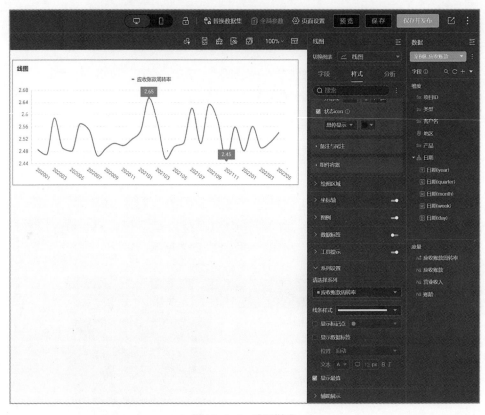

图 12-2-2　设置样式

（3）在"高级"面板中，单击"辅助线"，在弹出的"辅助线"对话框中添加固定值为 2.5 的辅助线，如图 12-2-3 所示。

图 12-2-3　设置辅助线

12.3 步骤 3：制作指标趋势图

单击"指标趋势图"图标，将"日期（quarter）"拖入"字段"面板的"日期/维度"区域，将"应收账款"与"营业收入"拖入"字段"面板的"指标/度量"区域，注意将"指标默认取值"设置为"最新日期数据"，单击"更新"按钮。效果如图 12-3-1 所示。

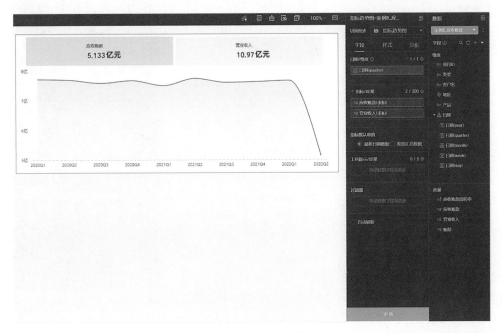

图 12-3-1　指标趋势图效果

12.4 步骤 4：制作指标拆解树

（1）单击"指标拆解树"图标，如图 12-4-1 所示。将"类型""产品"拖入"字段"面板的"拆解依据（维度）"区域，将"应收账款"拖入"字段"面板的"分析（度量）"区域。

（2）在"样式"面板"基础信息"区域将主标题名称修改为"应收账款构成"。在"字段"面板中，单击"更新"按钮。效果如图 12-4-2 所示。

图 12-4-1　单击"指标拆解树"图标

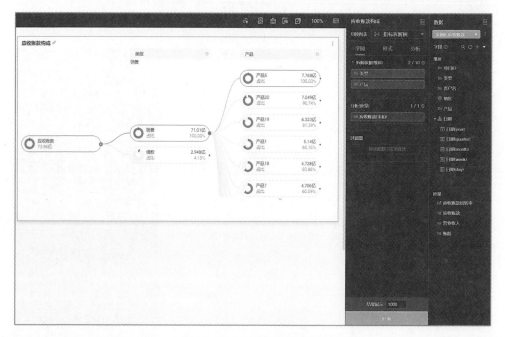

图 12-4-2　指标拆解树效果

12.5　步骤 5：制作交叉表

　　单击"交叉表"图标，将"客户名"拖入"字段"面板的"行"区域，将"账龄"拖入"字段"面板的"列"区域，设置"账龄"的聚合方式为"平均值"，设置"排序"为"降序"，如图 12-5-1 所示。在"样式"面板的"标题与卡片"区域，将主标题名称修改为"客户平均账龄排行"。在"字段"面板中，单击"更新"按钮。

　　通过上述操作，我们完成了"应收账款分析"仪表板，通过用鼠标拖曳的方式对图表进行简单排版，仪表板效果如图 12-5-2 所示。

图 12-5-1　设置字段

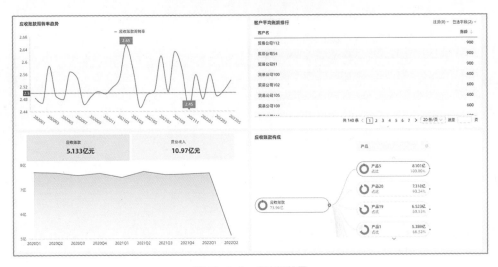

图 12-5-2　仪表板效果

12.6　本章小结

应收账款是企业与客户之间的一种信用往来，是客户购买产品或服务后所欠企业的款项。应收账款在企业的财务管理中起着非常重要的作用。应收账款分析是对企业财务状况进行评估和控制的重要手段，通过对应收账款的分析，可以帮助企业进行财务规划和决策，提高企业的盈利能力和风险控制能力。

本案例中，账龄排行榜和应收账款周转率线图直观展示了应收账款的账龄与周转率状况，有利于使用者了解企业应收账款周转速度、管理效率及各客户应收账款的账龄长短，应收账款周转率线图中的辅助线方便使用者发现周转率异常的月份，两者都有利于企业分析应收账款质量。指标拆解图帮助使用者在"类型"和"产品"两个维度对关键指标做出解读，找出最重要的组成要素。指标趋势图的上半部分展示了最新日期的营业收入与应收账款量，下半部分营业收入与应收账款的堆积面积图帮助使用者判断应收账款与营业收入是否为同比例增长，判断企业是否存在牺牲应收账款来增加收入的可能性。同时，通过分析应收账款占主营业务收入的比重，使用者可以判断企业应收账款带来收入的能力。

12.7　练习

- 为指标趋势图添加过滤器，使其只显示 2020 年度的数据。
- 制作各客户应收账款的排行榜。
- 添加查询控件并隐藏查询按钮，使其与交叉表链接，可以进行特定产品的查询。

第13章　实战案例——利用仪表板分析负债偿还能力

引言

本章使用 Quick BI 制作一个仪表板。通过对一份脱敏数据的可视化展示，分析企业的偿债能力，并学习故事线的使用。

案例背景

企业偿债能力是反映企业财务状况的重要标志。偿债能力是指企业偿还到期债务的承受能力或保证程度，包括偿还短期债务和长期债务的能力。

流动比率是衡量短期偿债能力的重要指标，它表示每 1 元流动负债有多少流动资产作为偿还的保证，反映流动资产对流动负债的保障程度。公式如下：

$$流动比率 = 流动资产合计 \div 流动负债合计$$

一般情况下，该指标值越大，表明公司短期偿债能力越强。通常，该指标为 200% 左右较好。

要衡量企业的长期偿债能力，可以使用的指标是资产负债率（又称负债比率），指企业负债总额对资产总额的比率。公式如下：

$$资产负债率 = 总负债 / 总资产$$

资产负债率表示公司总资产中有多少是通过负债筹集的。该指标可以用于评价公司的负债水平，衡量公司利用债权人资金进行经营活动的能力，也反映债权人发放贷款的安全程度。如果资产负债率达到 100% 或超过 100%，则说明公司已经没有净资产或资不抵债。

补充知识

在进行企业短期偿债能力分析时，还可以使用其他指标。一个指标是速动比率，表示每 1 元流动负债有多少速动资产作为偿还的保证，进一步反映流动负债的保障程度。公式如下：

$$速动比率=(流动资产合计－存货净额)÷流动负债合计$$

一般情况下，该指标值越大，表明公司短期偿债能力越强，通常该指标为 100% 左右较好。

另一个指标是现金比率，表示每 1 元流动负债有多少现金及现金等价物作为偿还的保证，反映公司可用现金及变现方式清偿流动负债的能力。公式如下：

$$现金比率=(货币资金+交易性金融资产)÷流动负债合计$$

该指标能真实地反映公司实际的短期偿债能力，该指标值越大，反映公司的短期偿债能力越强。

13.1 步骤 1：创建仪表板

（1）在数据源界面导入本地文件"案例 9_负债偿债能力"，并新建数据集。

（2）单击"新建计算字段"按钮，在弹出的"新建计算字段"对话框中设置"字段原名"为"资产负债率"，在"字段表达式"中，拖入"负债合计"，输入"/"，再拖入"资产总计"，"数据类型"选择"度量"单选项，"字段类型"选择"数值"单选项，单击"确定"按钮，如图 13-1-1 所示。

（3）单击"新建计算字段"按钮，在弹出的"新建计算字段"对话框中设置"字段原名"为"流动比率"，在"字段表达式"中，拖入"流动资产合计"，输入"/"，再拖入"流动负债合计"，"数据类型"选择"度量"单选项，"字段类型"选择"数值"单选项，单击"确定"按钮。

（4）将数据集重命名为"案例 9_负债偿债能力"，单击"保存"按钮。单击"开始分析"命令，在下拉列表中选择"创建仪表板"命令。

图 13-1-1　新建计算字段

13.2　步骤 2：制作排行榜与线图

（1）在新创建的仪表板中单击"排行榜"图标，将"公司名"拖入"字段"面板的"类别/维度"区域，将"资产负债率"拖入"字段"面板的"指标/度量"区域，并设置聚合方式为"平均值"。在"样式"面板中，将主标题名称修改为"资产负债率排行"。在"字段"面板中，单击"更新"按钮，效果如图 13-2-1 所示。

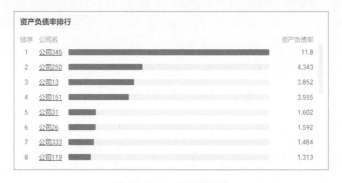

图 13-2-1　排行榜效果

（2）单击"线图"图标，将"日期（month）"拖入"字段"面板的"类别轴/维度"区域，将"资产负债率"拖入"字段"面板的"值轴/度量"区域，并设置聚合方式为"平均值"。在"样式"面板中的"标题与卡片"区域取消勾选"显示主标题"复选框，"坐标轴"区域取消勾选"X轴"和"左Y轴"标签下的"显示标题和单位"复选框。在"字段"面板中，单击"更新"按钮，效果如图13-2-2所示。

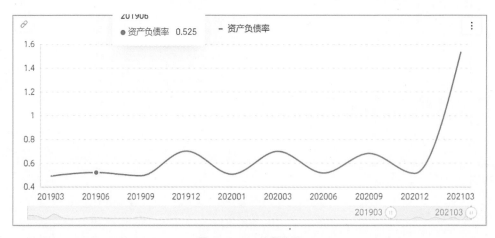

图13-2-2　线图效果

至此，我们完成了负债状况分析的第一部分。

（3）单击"排行榜"图标，将"公司名"拖入"字段"面板的"类别/维度"区域，将"流动比率"拖入"字段"面板的"指标/度量"区域，并设置聚合方式为"平均值"。在"样式"面板中，将主标题名称修改为"流动比率排行"。在"字段"面板中，单击"更新"按钮。

（4）单击"线图"图标，将"日期（month）"拖入"字段"的面板"类别轴/维度"区域，将"流动比率"拖入"字段"面板的"值轴/度量"区域，并设置聚合方式为"平均值"。在"样式"面板中的"标题与卡片"区域取消勾选"显示主标题"复选框，在"坐标轴"区域，取消勾选"X轴"和"左Y轴"标签下的"显示标题和单位"复选框。在"字段"面板中，单击"更新"按钮。

至此，我们以流动比率为主要指标完成了偿债能力分析。

13.3　步骤 3：制作交叉表

　　单击"交叉表"图标，将"公司名"拖入"字段"面板的"行"区域，将"负债合计"和"流动负债合计"拖入"字段"面板的"列"区域。在"样式"面板的"标题与卡片"区域，将主标题名称修改为"各公司负债及流动负债情况"。将图表移动到第 3 个图表的位置，在"字段"面板，单击"更新"按钮，效果如图 13-3-1 所示。

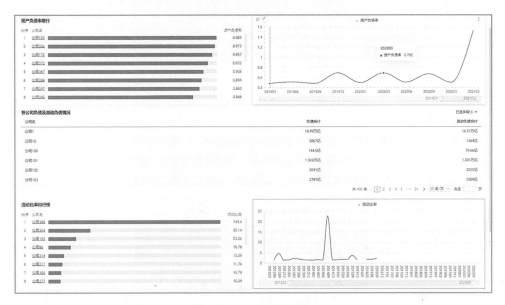

图 13-3-1　交叉表效果

　　至此，我们完成了负债状况分析的第二部分，展示出各个公司的负债及流动负债状况。

13.4　步骤 4：制作查询控件

　　单击"查询控件"图标，将"公司名"与"日期（month）"拖入"查询控件"界面。在"样式"面板中勾选"查询"复选框，如图 13-4-1 所示。

图 13-4-1　查询控件

13.5　步骤 5：制作故事线

单击"故事线"图标，在"基础设置"面板的"故事节点"标签下单击"编辑"图标，弹出"故事节点编辑"对话框，"节点模式"选择"手动勾选"单选项，选择两个排行榜图表为两个故事节点，在"故事节点文案编辑"中，将第一个节点命名为"负债状况"，将第二个节点命名为"偿债能力"，单击"确定"按钮，如图 13-5-1 所示。

通过上述操作步骤，完成了"负债偿还能力"仪表板的制作，仪表板效果如图 13-5-2 所示。

图 13-5-1　故事节点编辑

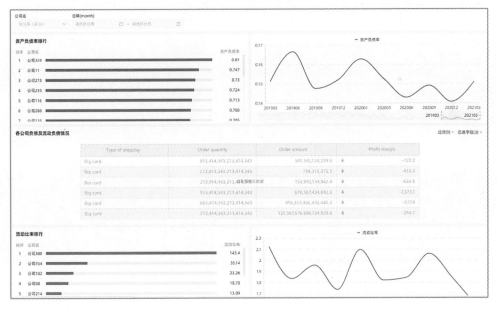

图 13-5-2　仪表板效果

13.6 本章小结

资产负债率指标是评价公司负债水平的综合指标，同时是一项衡量公司利用债权人资金进行经营活动能力的指标，也能反映债权人发放贷款的安全程度。通过排行榜，我们展现了资产负债率排行前 20 的公司，线图则展示了资产负债率随时间的变化情况，而交叉表则更为详尽地展示了各公司的负债与流动负债额。两者对负债状况进行了说明。同理，排行榜与线图也对流动比率这一数据进行了多元展示。流动比率反映企业的资产变现能力与短期偿债能力。通过查询控件我们可以根据具体公司与特定时间段对这两个指标进行查询，满足使用者更具体的要求。

当图表较多时，我们可以对图表依据展示目的进行划分，并使用故事线进行快速跳转，本仪表板中的"负债状况"与"偿债能力"即如此。

13.7 练习

- 制作"资产总计"与"负债合计"的指标趋势图。
- 设置查询控件中 "公司名"的查询方式为"单选"，"日期"为 2021 年的所有月份。
- 制作各公司的负债合计排行榜，默认显示 30 条。

第 14 章 实战案例——利用仪表板汇总基金价格变化趋势

引言

本章使用 Quick BI 制作一个仪表板。通过对一份脱敏数据进行可视化图表的制作，分析基金近期价格情况，其中由于数据原因，将"2020-01"视为当月，将"2020-01-23"视为当日。

案例背景

基金（fund）广义是指为了某种目的而设立的具有一定数量的资金。主要包括信托投资基金、公积金、保险基金、退休基金等各种基金会的基金。从会计角度分析，基金是一个狭义的概念，意指具有特定目的和用途的资金。我们提到的基金主要是指证券投资基金。基金是将零散的资金集中起来用于投资，对投资金额没有要求，随买随卖，非常灵活、便捷。了解当前的基金情况有利于个人及企业进行投资理财。

基金净值指基金当天的实际价值。将基金中包含的股票、债券等投资品按照当天价格换算得到的总金额除以这只基金的总份额，就是净值。

补充知识

从理财投资上来讲，基金主要是指证券投资基金，目前适合普通老百姓购买的主要是开放式基金和公募基金。

开放式基金是指基金规模可以随时根据市场供求情况发行新份额或被投资人赎回的投资基金。开放式基金已成为国际基金市场的主流品种，美国、英国的基金市场均有 90%以上是开放式基金。公募基金的募集对象是社会公众，即不限定投资者，通过公开方式进行募集。公募基金对信息披露的要求非常严格，不提取业绩报酬，适合普通百姓投资理财。

根据投资对象的不同，基金可分为股票基金、债券基金、货币基金、其他种类基金（能源基金、黄金基金）等。

14.1　步骤 1：创建仪表板

（1）导入文件"案例 10_基金净值表"、"案例 10_概况表"与"案例 10_基金持仓表"，单击"案例 10_基金净值表"，创建数据集。

（2）将"案例 10_基金净值表"与"案例 10_概况表"连接，在"数据关联"中选择"案例 10_基金净值表"的"COL_8"与"案例 10_基金概况表"的"COL_11"（即基金代码）连接，删除其他连接，单击"确定"按钮，如图 14-1-1 所示。

图 14-1-1　新增关联关系 1

（3）将"案例 10_基金概况表"与"案例 10_基金持仓表"连接，在"数据关联"中选择"案例 10_基金概况表"的"COL_11"与"案例 10_基金持仓表"的"COL_8"（即基金代码）连接，删除其他连接，单击"确定"按钮，如图 14-1-2 所示。

图 14-1-2　新增关联关系 2

（4）单击"新建计算字段"按钮，在弹出的"新建计算字段"对话框中，"字段原名"处输入"合并涨跌"，"字段表达式"为"[日增长率] +[日下跌率]"，"数据类型"选择"度量"单选项，"字段类型"选择"数值"单选项，设置"数值格式化"为"自动"，单击"确定"按钮，如图 14-1-3 所示。

（5）将"基金代码"转换为维度，并设置"基金代码"的维度类型为"文本"，设置方法如图 14-1-4 所示。

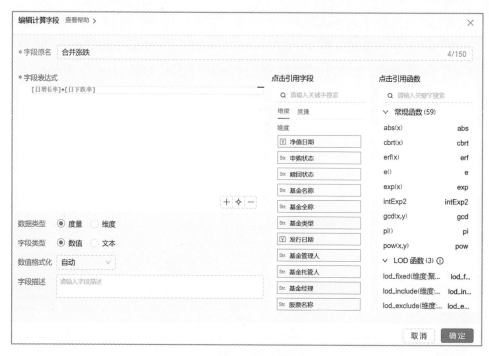

图 14-1-3 新建计算字段

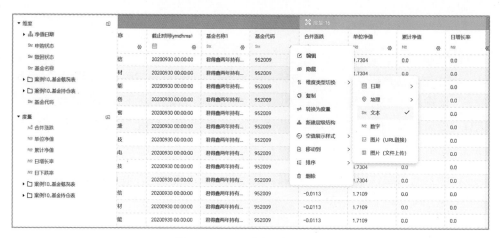

图 14-1-4 设置维度类型切换

（6）单击右上角的"保存"按钮，将名称修改为"案例 10_基金近期价格情况汇总"，单击"确定"按钮。单击"开始分析"命令，在下拉列表中选择"创建仪表板"命令。

14.2　步骤 2：制作排行榜

（1）在新创建的仪表板中单击"排行榜"图标。在"字段"面板中，将"基金代码"拖入"类别/维度"区域，将"资产规模/亿元"拖入"指标/度量"区域。在"样式"面板中，将主标题名称修改为"基金规模排行榜"。

由此，我们制作了反映基金规模整体情况的排行榜。

（2）单击"排行榜"图标。在"字段"面板中，将"基金代码"拖入"类别/维度"区域，将"合并涨跌"拖入"指标/度量"区域，将"净值日期（month）"拖入"过滤器"区域。弹出"设置过滤器"对话框，"过滤方式"选择"单月"单选项，"过滤条件"选择"精确时间""2020-01"，如图 14-2-1 所示。在"样式"面板中，将主标题名称修改为"本月涨幅排行榜"。在"字段"面板中，单击"更新"按钮。

图 14-2-1　设置过滤器

（3）单击"排行榜"图标。在"字段"面板中，将"基金代码"拖入"类别/维度"区域，将"合并涨跌"拖入"指标/度量"区域，设置"合并涨跌"的排序方式为"升序"，如图 14-2-2 所示。将"净值日期（month）"拖入"字段"面板的"过滤器"区域，弹出"设置过滤器"对话框，"过滤方式"选择"单月"单选项，"过滤条件"选择"精确时间""2020-01"。在"样式"面板中，将主标题名称修改为"本月跌幅排行榜"。在"字段"面板中，单击"更新"按钮，效果如图 14-2-3 所示。

至此，我们制作了反映本月基金情况的涨跌幅排行榜。

图 14-2-2　设置字段

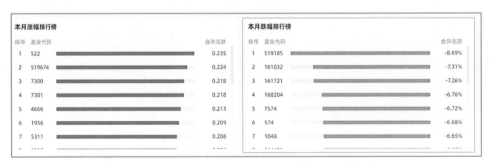

图 14-2-3　排行榜效果

（4）单击"排行榜"图标，将"基金代码"拖入"字段"面板的"类别/维度"区域，将"合并涨跌"拖入"字段"面板的"指标/度量"区域，将"净值日期（day）"拖入"字段"面板"过滤器"区域。在弹出的"设置过滤器"对话框中，"过滤方式"选择"单日"单选项，"过滤条件"选择"精确时间""2020-01-23"。在"样式"面板中，将主标题名称修改为"本日涨幅排行榜"。在"字段"面板中，单击"更新"按钮。

（5）单击"排行榜"图标，将"基金代码"拖入"字段"面板的"类别/维度"区域，将"合并涨跌"拖入"字段"面板的"指标/度量"区域，设置"合并涨跌"的排序方式为"升序"。将"净值日期"（day）拖入"字段"面板的"过滤器"区域，在弹出的"设置过滤器"对话框中，"过滤方式"选择"单日"单选项，"过滤条件"选择"精确时间""2020-01-23"，单击"确定"按钮。在"样式"面板中，将主标题名称修改为"本日跌幅排行榜"。在"字段"面板中，单击"更新"按钮。

至此，我们制作了反映本日基金情况的涨跌幅排行榜。

14.3　步骤 3：插入查询控件

单击"查询控件"图标，将"净值日期"（day）与"基金代码"拖入"查询控件"界面。在"样式"面板中，勾选"查询"复选框。如图 14-3-1 所示。

图 14-3-1　查询控件

通过上述操作步骤，我们完成了"基金近期价格情况汇总"仪表板的制作，仪表板效果如图 14-3-2 所示。

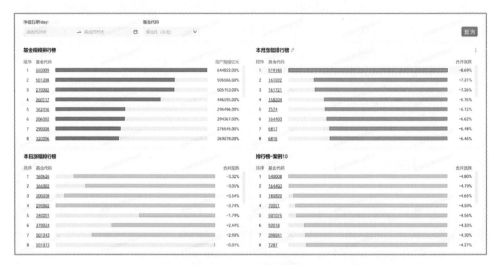

图 14-3-2　仪表板效果

14.4　本章小结

在数据分析过程中，时效性是一个非常重要的因素。时效性指的是数据分析结果的实时性和有效性，它可以影响数据分析的质量和价值。

本章所制作的仪表板围绕"基金近期价格情况"进行可视化呈现。基金规模排行榜展示了不同基金的规模大小，帮助使用者了解基金的基本情况。本月涨幅排行榜则展示了各基金近期的价格波动情况，助力使用者通过决策调整。

通过基金规模排行榜和基金涨幅排行榜，使用者可以直观地了解各基金更详细的数据，可以了解价格涨幅较好的基金，帮助使用者更好地做出决策，确定购买标的，获取利润。

14.5　练习

- 制作净值日期为"2020-01-10"的"本日涨幅排行榜"与"本日跌幅排行榜"。
- 设置"基金代码"的查询方式为"单选",查询时间为"预先查询"。
- 将"基金规模排行榜"在"样式"面板中的默认显示条数修改为"20 条",以显示前 20 名的基金规模。

第 15 章 综合案例——利用仪表板对销售业绩实行监控告警

引言

本章使用 Quick BI 制作一个仪表板。通过对一份脱敏数据进行可视化图表的制作，监控企业近期销售情况，并使用监控告警功能，在近期业绩不达标的情况下，将异常数据发送到指定邮箱进行提醒。

案例背景

数据监控体系是企业数字化转型的重要一环，而好的数据监控体系的重要性体现在如下几个方面。

- 反映过去的产品和业务的现状，与当前情况进行对比和参考。
- 反映目前产品业务线的状态，是否出现数据异常等。
- 及时发现业务指标的升高或降低，以及产生的原因。
- 反映产品业务线未来可能发生变化的趋势。

Quick BI 提供了数据驱动的监控告警功能，在一定的监控周期对用户关注的指标进行阈值比对，一旦超过阈值，系统会使用预先设定的规则进行通知。可以选择的通知方式包括短信、邮件、企业微信、钉钉、飞书等。

补充知识

销售目标与实际销售额之间的预警十分常见。由于企业销售目标有动态调整机制，因此数据分析人员在设置预警值时，需要配合企业随时变动的销售目标进行阈值修改。

作为高级财务管理人员，还可以利用 Quick BI 的监控告警功能设置税务申报自查类预警提示。例如，监控增值税收入与所得税收入的差异是否超过 10%，如果比例过高或过低，则需在税务申报时撰写材料解释特殊原因；进项税额和销项税额会不断变动，与上年同期相比的变动方向和幅度超过 50% 时，则进行预警；企业本期"存货类进项税额"占"商品购进成本"的比重在正常情况下可能在 0%~16%，超出该比重范围则报表进行自动监控告警；企业当年所得税贡献率有可能低于本行业当年所得税平均贡献率，可以将行业阈值设为监控预警值等；财务分析人员还可以为资金或存货周转次数设置监控预警等。

15.1　步骤 1：制作数据集

（1）导入本地文件"案例 11-事实表-销售明细表"、"案例 11-产品表"与"案例 11-产品品类表"，单击"案例 11-事实表-销售明细表"，创建数据集。

（2）将"案例 11-产品表"与"案例 11-事实表-销售明细表"连接，在"编辑关联关系"对话框中进行设置，在"数据关联"中选择"案例 11-事实表-销售明细表"的"COL_2"（即产品编号）与"案例 11-产品表"的"COL_3"（即 SKU 编码）连接，删除其他连接，单击"确定"按钮，如图 15-1-1 所示。

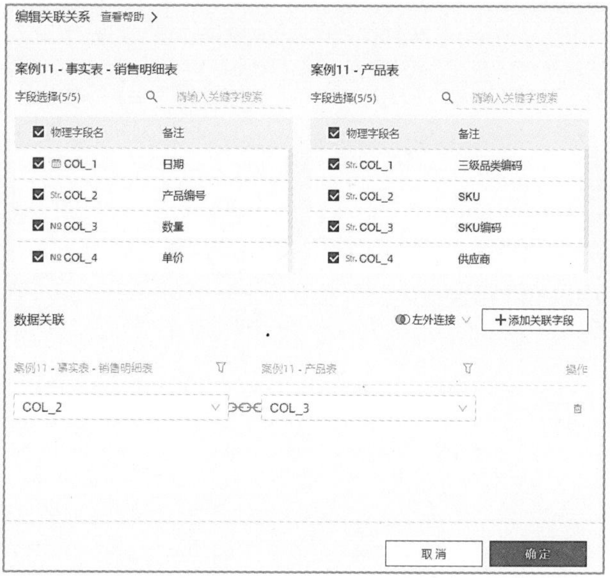

图 15-1-1　设置关联关系

（3）将"案例11-产品品类表"与"案例11-产品表"连接，在"数据关联"中选择"案例11-产品表"的"COL_1"（即三级品类编码）与"案例11-产品品类表"的"COL_4"（即三级品类编码）连接，删除其他连接，单击"确定"按钮，如图15-1-2所示。

图 15-1-2　新增关联关系

（4）单击"新建计算字段"按钮，弹出"新建计算字段"对话框，在"字段原名"中输入"总计"，在"字段表达式"中输入"[数量]*[单价]"，单击"确定"按钮，如图 15-1-3 所示。

（5）将数据模型重命名为"案例11"，单击"保存"按钮。单击"开始分析"命令，在下拉列表中选择"创建仪表板"命令。

图 15-1-3　设置字段

15.2　步骤 2：创建仪表板

（1）单击"指标看板"图标，将"总计"拖入"字段"面板的"看板指标/度量"区域，将"日期（month)"拖入"字段"面板的"过滤器"区域。单击"过滤器"区域内右边的"漏斗"图标，在弹出的"设置过滤器"对话框中，"过滤方式"选择"单月"单选项，"过滤条件"选择"精确时间""2022-02"，模拟对本月日期的筛选，单击"确定"按钮，如图 15-2-1 所示。在实际生产场景中，通常选择"相对时间"。在"样式"面板中，设置标题为"本月销售额"，取消勾选"显示主指标名称"复选框。在"字段"面板中单击"更新"按钮。

图 15-2-1　设置过滤器

（2）单击"面积图"图标，将"日期（day）"拖入"字段"面板的"类别轴/维度"区域，将"总计"拖入"字段"面板。在"样式"面板中，设置标题为"销售额时间趋势"。单击"显示图例"最左边的图表，取消显示图例。取消勾选"X 轴"标签下的"显示标题和单位"复选框，取消勾选"左 Y 轴"标签下的"显示标题和单位"复选框。在"字段"面板中单击"更新"按钮。

（3）单击"交叉表"图标，将"一级品类"拖入"字段"面板的"行"区域，单击右侧的"钻取"图标。将"二级品类""三级品类"拖入"字段"面板的"钻取/维度"区域。将"单价""数量""总计"拖入"字段"面板的"列"区域，如图 15-2-2 所示。在"样式"面板中，设置标题为"销售明细"。在"字段"面板中单击"更新"按钮。

图 15-2-2　设置字段

（4）调整页面排版，将仪表板名称修改为"案例 11"，单击"保存"按钮，效果如图 15-2-3 所示。

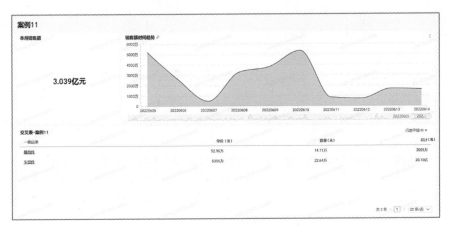

图 15-2-3　仪表板效果

15.3　步骤 3：设定监控告警

单击"本月销售额"指标看板右上角的"三个点"图标，在下拉列表中选择"监控告警"命令。弹出"监控告警设置"对话框，单击"监控规则"右侧的"加号"。设定"检测时间"为每月 25 号，单击"添加告警条件"按钮，设置"度量值"小于"300000000"，即如果每月 25 号的销售额不足 3 亿元，则进行告警。设定告警方式为"邮件"，选择接收人，单击"保存"按钮，如图 15-3-1 所示。这样，当符合告警规则后，告警信息将以邮件形式发送给指定接收人。

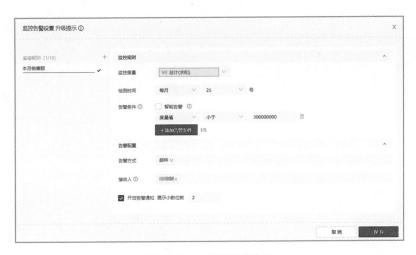

图 15-3-1　监控告警设置

15.4 本章小结

监控告警功能对 BI 系统的重要性不言而喻。它可以帮助企业及时发现和解决问题，提高数据的安全性、可用性和可靠性，同时还可以提高 BI 系统的效率和管理水平。因此，在 BI 系统的设计和实施中，监控告警功能应该被视为重中之重，给予足够的重视和投入。

本章的仪表板围绕"近期销售情况"进行可视化呈现。使用监控告警功能对本月销售额进行监测，在每月 25 日进行一次销售额检测，如果不符合设定值，则进行告警。如果业务部门有要求，也可以对指标进行不超过 10 个规则的监控告警设定。监控告警的方式有短信、邮件、企业微信、钉钉、飞书等，需要预先在设置面板对短信、邮件进行设定，并对企业微信、钉钉、飞书等进行绑定。设定完成后，企业微信、钉钉、飞书等方式的预警信息将发送到指定接收人的企业微信、钉钉、飞书等软件聊天界面，方便接收人第一时间获得数据监控情况，处理业务问题。

当然，告警并不是越多越好，过于频繁的提示反而有可能弱化告警的监控作用。

15.5 练习

- 对本月销售额环比进行监控，每月 25 日对环比小于 0 的情况进行短信告警。

第 16 章　集成案例——基于 Quick BI 门户&电子表格搭建财务在线分析工作台

引言

本章通过服饰行业的一个真实案例展现如何用 Quick BI 贯穿业财一体化。一家行业龙头企业通过业财一体化找到了突破口，从降低成本和增加效率两个方面获得了业务收益。该项目的需求调研、场景设计、数字化流程重构与产品化的每个阶段都应用 Quick BI 实现最优解，带来了最佳产品使用体验。Quick BI 能够为集团总部的财务部门提供全面的财务分析和预测功能，帮助其更好地进行业务规划和决策。同时，Quick BI 也能够为各事业部的财务部门提供全面的费用管理和门店精细化管理功能，支持其更好地控制成本和提高业务效率。

16.1　案例介绍

16.1.1　案例背景

A 企业作为服饰行业的头部企业，年营业收入在 300 亿元以上。作为集团上市公司，在架构上分为集团总部和各事业部。A 企业的财务部门工作主要分为财务分析核算、财务管理两个部分：集团总部的财务部门负责提供主要的财务分析框架以向下指导管理，同时负责税务、投融资等；各事业部的财务部门负责事业部财务管理，以支持正常业务运营，包括费用管理、门店精细化管理等。

从 2020 年开始，A 企业销售业绩增长平稳，但利润增长不达预期。面对这个情况，为了更好地发现业务问题并及时采取措施，决定将所有业务系统集成到财务系统中。因此，A 企业规划了一个业财一体化的项目。这个项目属于集团三大战略项目之一，强调财务分析能力，依赖大数据平台提供基础能力支持。

集团总部及管理层比较关注利润等结果性指标；各事业部更加关注渠道运营情况；具体到商品部门和营运部门，仅关注业务的过程指标；财务部门希望各部门能够基于财务报表洞察经营问题，再深入分析，制定业务目标及策略。目前财务部门每个月产出一次财务报表数据，产出频率较低，时效性与准确性欠佳，导致决策周期有很大延迟。财务部门希望分析效率更高，结合经营分析落地决策支持，通过协同与快速响应，抓住宝贵的商业机会。

16.1.2　业务痛点及核心需求

在需求调研阶段，对参与方（管理层、IT 部门、业务部门、财务部门等）进行如下调研工作：对各业务部门的数据收集、数据分析、数据营销的业务过程进行全面调研，并分析数据的支撑情况和现状；挖掘业务部门数据需求及应用场景，进行需求和痛点分析；进行技术调研，包括对现有系统的盘点、调研涉及各部门的数据工作人员，深入探究各系统数据库、数据表和字段。

对涉及各部门的数据工作人员进行深入调研，重点关注财务相关方面的以下业务痛点及其核心需求。

业务痛点一：利润分析能力弱，需要建立利润分析体系

（1）财务总监关注经营利润，内容主要为渠道（直营/加盟/电商）、品牌（按照线上、线下分别汇总）的获利情况。

（2）各事业部更关注渠道经营情况，虽然关注经营指标中的营运和营收达成指标，但实际利润的考核框架和立足点较弱。

（3）管理层关注利润指标，商品部门和营运部门更关注业务的过程指标。

（4）当前只能看到商品动销率的绝对值，而看不到也无法控制各个渠道的折扣率，比如店长提成不变而折扣率下降，那毛利率会有问题而并不能被财务所控制。

业务痛点二：业务财务指标口径不一致，需要建立指标标准

（1）财务部门的上下游对内部 KPI 指标的理解不相同，例如 CEO 等高层管理者认可的部分指标，下属业务线不认可或不按照统一逻辑监控业务运行情况；同时还存在数据出口多导致的口径不统一问题。

（2）各事业部内部有 BI 系统支持决策分析，也有指标拆解分析，但受管理层思路影响并不成体系。本质上是由于业务部门对获利体系的思考不够深入与及时。有些业务部门偏重本事业部管理层所关心的内容，欠缺体系化与完整思考；有些部门则对业务策略调整将带来何种利润数值变化不敏感，缺乏计算手段，更难以评估其他部门所带来的影响。

（3）大多数有明确记载的财务指标口径只能从审计日报中获取，无法涵盖全面的财务信息。同时，对财务指标的基准值积累不足，难以及时发现异常情况并采取相应的措施。

业务痛点三：财务数据加工效率低，需要指标计算自动化

目前的财务分析流程中，数据采集和分析的频率较低，导致分析结果的准确性和时效性受到影响。这主要是由于业务信息化水平不足，需要手动处理财务数据，导致周期较长。每月初的结账数据通常需要 T+6~7 天产出，再经过 2~3 天手动加工，企业管理层看到经营分析财务报表时接近当月 10 号；随后结合经营渠道与费用分摊分析，通常在每月 11 号可产出单店利润表；财务分析效率不高导致企业月度经营分析的会议通常在每月 20 号才能召开。为此企业增加了 SAP 新模块获得业务与财务集成管理的流程支持，同时期望提高财务分析效率和精度，并结合经营分析支持战略决策，落地一站式经营决策分析门户。

16.1.3　基于 Quick BI 的方案设计

1. 目标用户

集团财务人员、公司管理层、事业部财务人员、管理人员、营运人员（营运管理人员、区域经理、店长）。

2. 需求分析

整体方案以利润作为分析主线，统一集团总部及各事业部的指标口径，建设财务相关数据体系，以支撑业财分析框架，其中包括核心业务分析、整体经营分析、渠道经营分析、商品经营分析。

（1）支撑核心业务分析：基于"门店底稿"产生的门店月累计、门店月预算与实际经营情况对比、门店仓库档案 3 份门店分析报表；基于"零售底稿"产生的月零售分析（全渠道、当月和月累计）、月同比分析或月环比分析 4 份零售分析报表；基于"加盟商发货退货额&库存底稿"产生的加盟商发货额、加盟商退货额、库存测算 3 份加盟商分析报表。

（2）支撑整体经营分析：基于"渠道获利底稿"产生的月累计、月渠道占比、净利润分解 3 份获利分析报表。

（3）支撑渠道经营分析：基于"单店利润底稿"产生的直营单店利润（月/日维度）、电商单店利润（月/日维度）、加盟单店利润（月维度）3 份单店利润分析报表。

（4）支撑商品经营分析：基于"库存底稿"产生的商品库存月同比、环比两份库存分析报表（季维度）。

16.2　案例实操

16.2.1　财务分析思路

基于利润分析能力弱、渠道分析能力弱、业务财务指标口径不一致、财务数据加工效率低的 4 大痛点，Quick BI 提供了一站式的经营决策分析门户，包括以下 BI 看板。

（1）经营大盘：整体概况、渠道分析、商品分析。

（2）核心业务：门店分析（分店分布、预算与实际经营分析）、零售分析、加盟商分析。

（3）费用分析：事业部费用分析、总部费用分析。

（4）自助分析：净利润、零售分析。

通过梳理业务财务指标口径，并依托 Quick BI 自身能力，能够提高财务数据加工效率。为了实现以上 4 个看板，从整体财务状况入手，将数据拆解为利润和成本，并基于业务进行拆分。

针对利润分析能力弱和渠道分析能力弱的痛点，从核心业务出发，分析影响利润的核心因素，以多维度进行细分分析。针对企业的核心业务构成，分为门店、零售和加盟商，深入分析利润构成和趋势变化。

在利润分析之外，设置费用分析模块，分析各事业部和集团总部的费用花销及费用构成，在“开源”的同时实现“节流”。在标准分析模块之外，针对业务自助式需求，设置净利润和零售分析模块来满足需求。

以上是一站式经营决策分析门户的总体设计思路，因篇幅有限，本章着重讲解经营大盘的整体概况分析和核心业务的门店分析。

16.2.2　经营大盘——整体概况分析

1. 分析目的

经营大盘看板采用财务部门最熟悉的电子表格形式，用于分析商品的利润分布，支持按照从“事业部”到“渠道（场）”再到“商品（货）”的逐级利润分解，帮助各级经营对象看清利润来源与构成，如图 16-2-1 所示。

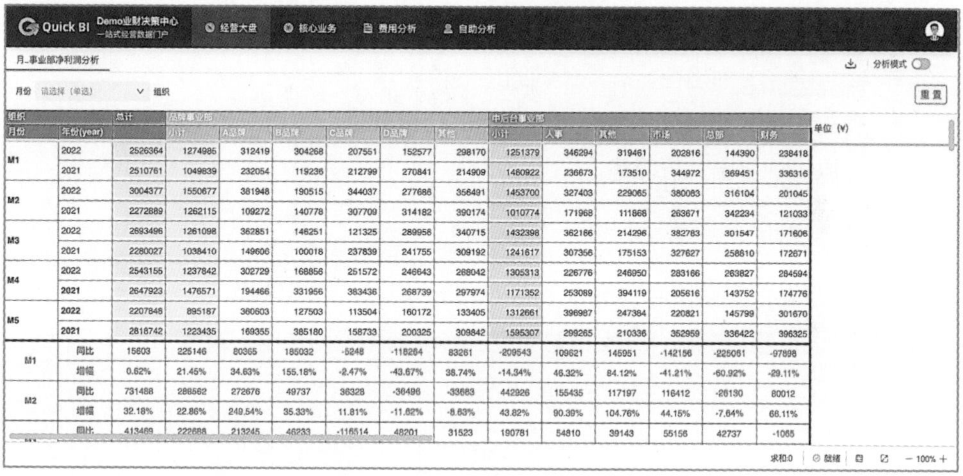

组织		总计	品牌事业部						中后台事业部					
月份	年份(year)		小计	A品牌	B品牌	C品牌	D品牌	其他	小计	人事	其他	市场	总部	财务
M1	2022	2526364	1274985	312419	304268	207551	152577	298170	1251379	346294	319461	202816	144390	238418
	2021	2510761	1049839	232054	119236	212799	270841	214909	1460922	236673	173510	344972	369451	336316
M2	2022	3004377	1550677	381948	190515	344037	277686	356491	1453700	327403	229065	380083	316104	201045
	2021	2272889	1262115	109272	140778	307709	314182	390174	1010774	171968	111868	263671	342234	121033
M3	2022	2693496	1261098	362851	146251	121325	289956	340715	1432398	362166	214296	382783	301547	171606
	2021	2280027	1038410	149606	100018	237839	241755	309192	1241617	307356	175153	327627	258810	172671
M4	2022	2543155	1237842	302729	168856	251572	246643	268042	1305313	226776	246950	283166	263827	284594
	2021	2647923	1476571	194466	331956	383436	268739	297974	1171352	253089	394119	205616	143752	174776
M5	2022	2207848	895187	360603	127503	113504	160172	133405	1312661	396987	247384	220821	145799	301670
	2021	2818742	1223435	169355	385180	158733	200325	309842	1595307	299265	210336	352959	336422	396325
M1	同比	15603	225146	80365	185032	-5248	-118264	83261	-209543	109621	145951	-142156	-225061	-97898
	增幅	0.62%	21.45%	34.63%	155.18%	-2.47%	-43.67%	38.74%	-14.34%	46.32%	84.12%	-41.21%	-60.92%	-29.11%
M2	同比	731488	286562	272676	49737	36328	-36496	-33683	442926	155435	117197	116412	-26130	80012
	增幅	32.18%	22.86%	249.54%	35.33%	11.81%	-11.62%	-8.63%	43.82%	90.39%	104.76%	44.15%	-7.64%	66.11%
	同比	413469	222688	213245	46233	-116514	48201	31523	190781	54810	39143	55156	42737	-1065

图 16-2-1　月_事业部净利润分析

2. 看板设计

看板设计时采用“颜色”作为视觉识别的主要元素。

高亮部分看板聚焦净利润指标，基于近两年的季度数据，展示品牌事业部和中后台事业部的净利润数据。其中，品牌事业部基于不同品牌进行分类，并通过小计指标展示近两年的季度利润汇总；中后台事业部基于部门进行分类，并通过小计指标展示近两年的季度利润汇总；最后通过总计指标，展示近两年的品牌事业部和中后台事业部的季度利润汇总。

置灰部分看板关注趋势指标。基于去年数据，展示品牌事业部不同品牌，以及中后台事业部不同部门，在今年贡献利润的增长或下降情况，并基于"增幅=（今年－去年同期）/去年同期"的计算公式，计算各品牌与业务部门在不同季度的增幅及降幅。

同时，使用置灰的方式，让使用者的注意力优先集中在高亮部分的数据，帮助其区分指标区域与趋势区域，使分析更有针对性。

通过对同比中降低的数据进行标注，可以快速定位于去年同期利润共同降低的品牌和事业部，从而帮助集团总部财务、各事业部财务直观地定位亏损来源。

3. 配色设计

在页面布局上，统一色彩设置，降低视觉疲劳，对于需要关注的数据项适度区分。主色调选择蓝色底，搭配橙色与灰色。数据内容区可以根据关注意义设置浅色底。

- 基础数据项为蓝色，有数据感且不闪眼。
- 决策分析项为橙色，高亮关键的分析项。
- 有关注意义的数据，比如过程节点的结果数据，可用灰色底，既不抢眼，也可以可视化出分析思路。

4. 筛选设计

经营大盘看板支持按月份筛选，可以帮助用户通过季度选择，进一步聚焦特定季度的数据和同比趋势数据，并支持对季度进行单选和查询操作，如图 16-2-2 所示。

图 16-2-2　筛选设计 1

经营大盘看板支持筛选下钻，通过选择特定组织，查看特定组织的贡献利润，如图 16-2-3 所示。

图 16-2-3　筛选设计 2

5. 扩展分析

若当前电子表格的形式不能完全满足业务的分析需求，可进一步选择分析模式和下载分析两种方式进行拓展分析。

（1）分析模式：单击"分析模式"后，进行在线 Excel 表格的交互式分析。

（2）下载分析：若分析模式仍不能满足需求，可选择下载 Excel 文件，在本地进一步分析。

16.2.3　核心业务——门店分析

1. 分析目的

核心业务看板通过查看最右侧的绿色向上三角箭头与红色向下三角箭头，了解目标企业旗下的多个品牌在市场上的开店、闭店变化趋势。该看板展示了线下门店在不同市场主体（百货、购物中心等）的经营情况；加盟、联营、自营等不同性质的门店的占比和开店、闭店分析，以及目标企业应该高度警觉的闭店不良趋势，如图 16-2-4 所示。

2. 看板设计

左侧蓝色看板聚焦门店开店、闭店情况和变化趋势。从品牌（A 品牌、B 品牌、C 品牌）、性质（加盟、自营）、类型（其他、百货、街店、购物中心）多个维度提供电子表格看板，展示不同维度下，上期期末和本期期末的开店数量、闭店数量。

右侧橙色看板聚焦占比和趋势变化情况。通过闭店率来衡量特定维度下店铺关闭的比例，从而定位经营不善的店铺，并且将闭店率超出 25% 的维度组合通过红色进行标记，直观地唤起使用者的注意。同时，根据店铺占比指标，判断该类经营不善的店铺对整体业务的影响程度。另外，通过增长净值指标、绿色向上和红色向下三角箭头，清晰展示店铺总体增减情况，并将最终净开店数量在顶部进行展示。

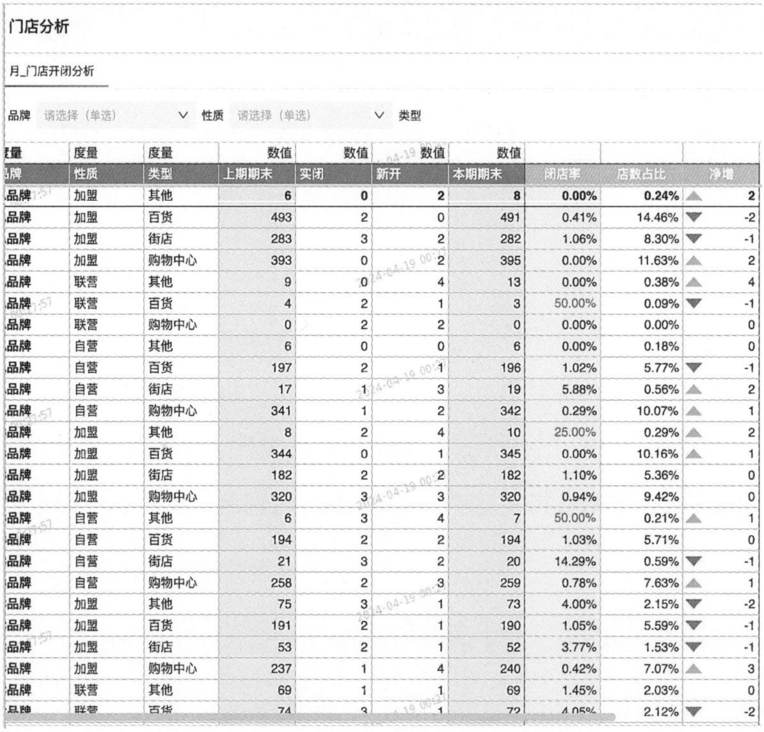
门店分析

月_门店开闭分析

品牌 请选择（单选） 性质 请选择（单选） 类型

度量	度量	度量	数值	数值	数值	数值			
品牌	性质	类型	上期期末	实闭	新开	本期期末	闭店率	店数占比	净增
品牌	加盟	其他	**6**	**0**	**2**	**8**	**0.00%**	**0.24%**	**2**
品牌	加盟	百货	493	2	0	491	0.41%	14.46%	-2
品牌	加盟	街店	283	3	2	282	1.06%	8.30%	-1
品牌	加盟	购物中心	393	0	2	395	0.00%	11.63%	2
品牌	联营	其他	9	0	4	13	0.00%	0.38%	4
品牌	联营	百货	4	2	1	3	50.00%	0.09%	-1
品牌	联营	购物中心	0	2	2	0	0.00%	0.00%	0
品牌	自营	其他	6	0	0	6	0.00%	0.18%	0
品牌	自营	百货	197	2	1	196	1.02%	5.77%	-1
品牌	自营	街店	17	1	3	19	5.88%	0.56%	2
品牌	自营	购物中心	341	1	2	342	0.29%	10.07%	1
品牌	加盟	其他	8	2	4	10	25.00%	0.29%	2
品牌	加盟	百货	344	0	1	345	0.00%	10.16%	1
品牌	加盟	街店	182	2	2	182	1.10%	5.36%	0
品牌	加盟	购物中心	320	3	3	320	0.94%	9.42%	0
品牌	自营	其他	6	3	4	7	50.00%	0.21%	1
品牌	自营	百货	194	2	2	194	1.03%	5.71%	0
品牌	自营	街店	21	3	2	20	14.29%	0.59%	-1
品牌	自营	购物中心	258	2	3	259	0.78%	7.63%	1
品牌	加盟	其他	75	3	1	73	4.00%	2.15%	-2
品牌	加盟	百货	191	2	1	190	1.05%	5.59%	-1
品牌	加盟	街店	53	2	1	52	3.77%	1.53%	-1
品牌	加盟	购物中心	237	1	4	240	0.42%	7.07%	3
品牌	联营	其他	69	1	1	69	1.45%	2.03%	0
品牌	联营	百货	74	3	1	72	4.05%	2.12%	-2

图 16-2-4 月_门店开店、闭店分析

3. 筛选设计

门店分析看板支持对品牌和店铺性质进行筛选，帮助用户通过品牌和性质选择，进一步聚焦特定品牌和特定开店性质的数据和同比趋势数据，并支持对品牌和开店性质进行单选和查询操作。同时也支持对百货、街店、购物中心和其他类型的店铺进行下钻分析，查看特定店铺类型的开店、闭店情况。

16.2.4 电子表格分析

若想要构建 16.2.3 节所示的核心业务——门店分析的电子表格类 BI，可遵循以下配置流程。

1. 导入数据来源

电子表格数据来源可以有如下几种形式。

（1）导入：支持导入本地的.xlsx 格式文件后再进行加工。

（2）插入数据集—数据集表格：可将完整的数据集插入电子表格中进行加工，可自由选择维度和度量字段作为行或列。

（3）插入数据集—自由式单元格：可将数据集的某个字段拖曳到任意单元格，进行复杂表格的设计，布局灵活。

（4）不引用任何数据，直接在线进行数据编辑。

2. 配置电子表格

导入数据源后，基于数据源创建交叉表，并分别对字段、样式、条件格式、查询控件等进行配置。效果如图 16-2-5 所示。

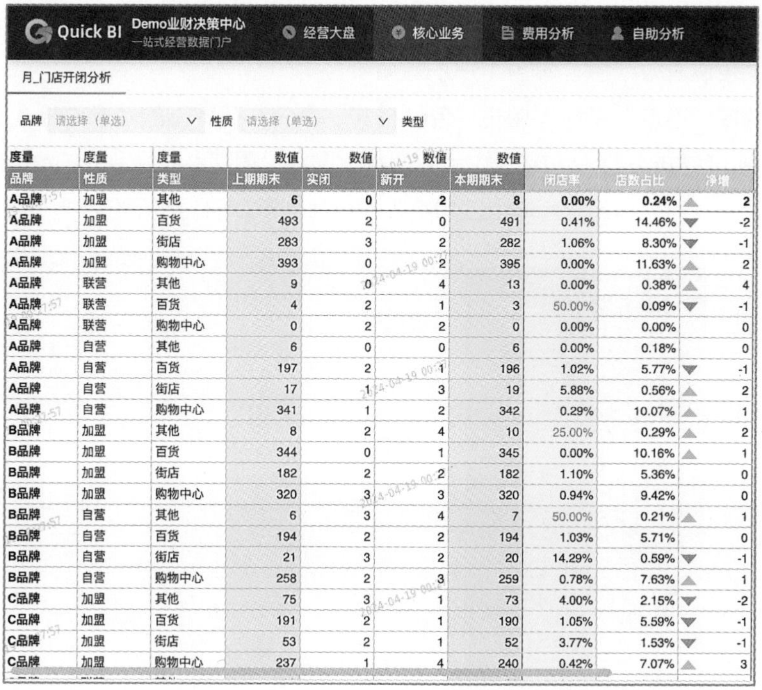

度量	度量	度量	数值	数值	数值	数值			
品牌	性质	类型	上期期末	实闭	新开	本期期末	闭店率	店数占比	净增
A品牌	加盟	其他	6	0	2	8	0.00%	0.24%	2
A品牌	加盟	百货	493	2	0	491	0.41%	14.46%	-2
A品牌	加盟	街店	283	3	2	282	1.06%	8.30%	-1
A品牌	加盟	购物中心	393	0	2	395	0.00%	11.63%	2
A品牌	联营	其他	9	0	4	13	0.00%	0.38%	4
A品牌	联营	百货	4	2	1	3	50.00%	0.09%	-1
A品牌	联营	购物中心	0	2	2	0	0.00%	0.00%	0
A品牌	自营	其他	6	0	0	6	0.00%	0.18%	0
A品牌	自营	百货	197	2	1	196	1.02%	5.77%	-1
A品牌	自营	街店	17	1	3	19	5.88%	0.56%	2
A品牌	自营	购物中心	341	1	2	342	0.29%	10.07%	1
B品牌	加盟	其他	8	2	4	10	25.00%	0.29%	2
B品牌	加盟	百货	344	0	1	345	0.00%	10.16%	1
B品牌	加盟	街店	182	2	2	182	1.10%	5.36%	0
B品牌	加盟	购物中心	320	3	3	320	0.94%	9.42%	0
B品牌	自营	其他	6	3	4	7	50.00%	0.21%	1
B品牌	自营	百货	194	2	2	194	1.03%	5.71%	0
B品牌	自营	街店	21	3	2	20	14.29%	0.59%	-1
B品牌	自营	购物中心	258	2	3	259	0.78%	7.63%	1
C品牌	加盟	其他	75	3	1	73	4.00%	2.15%	-2
C品牌	加盟	百货	191	2	1	190	1.05%	5.59%	-1
C品牌	加盟	街店	53	2	1	52	3.77%	1.53%	-1
C品牌	加盟	购物中心	237	1	4	240	0.42%	7.07%	3

图 16-2-5　门店分析电子表格的效果

（1）字段。

- 行：依次拖入品牌、性质、类型 3 个维度。
- 列：依次拖入上期期末、新开、实闭、本期期末、闭店率、店数占比、净增字段。

（2）样式。

- 标题：标题命名为"月_门店开店闭店分析"。
- 总计配置：设置列汇总，展示位置设置在顶部，选择整体汇总，并设置总计表名为总数。
- 配色样式：选中 D 列和 G 列，设置为浅灰色。选中 A2 到 G2 单元格区域，并设置为蓝色；选中 H2 到 J2 单元格区域，并设置为橙色。
- 文字样式：选中 A 列，设置为加粗；选择第一行，设置为加粗和白色。

（3）条件格式。

- 选择"闭店率"字段，单击"条件格式"命令，在弹出的"条件格式"对话框中，"样式类型"选择"高亮"。条件规则设置为，当值大于 0.25 时，字体颜色设置为红色，如图 16-2-6 所示。
- 选择"净增"字段，单击"条件格式"命令，在弹出的"条件格式"对话框中，"样式类型"选择"图标"，将标记图标设置红色和绿色的三角箭头。当值大于 0 时，显示绿色向上三角箭头；当值小于 0 时，显示红色向下三角箭头。

图 16-2-6　条件格式设置

（4）查询控件。

单击"添加查询控件"命令，在弹出的"查询条件设置"对话框中，查询条件设置为品牌、性质和类型。单击"品牌"的查询条件，选择目标表格，选择"品牌"作为字段。在查询条件配置中，"展示类型"设置为"下拉列表"，"选项值来源"选择

"自动解析"单选项，"查询方式"选择"单选"单选项，"查询时间"选择"点击查询"单选项，如图 16-2-7 所示。

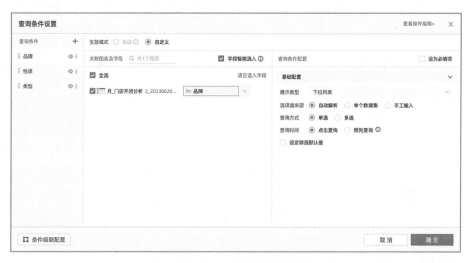

图 16-2-7　查询控件设置 1

之后用类似的逻辑配置性质和类型查询控件。类型查询控件配置完成后，单击"设置查询控件"命令，在"样式"面板中，在"字段样式"区域中设置"类型"的样式为"平铺"，以实现手动选择类型进行筛选，如图 16-2-8 所示。

图 16-2-8　查询控件设置 2

基于以上对字段、样式、条件格式和查询控件的设置，完成"月_门店开店闭店分析"的制作，满足用户对门店开店、闭店原因的关键影响因素的分析，理解门店经营情况，抓住潜在增长机会，并最终分析门店相关因素对整体财务状况的影响。

16.3 案例总结

16.3.1 项目实施后的效果

本项目的大数据平台通过阿里云的ETL工具Dataphin的产品能力将各系统数据整合，形成统一数据资产，将集团总部及各事业部的财务口径标准化，形成统一的指标体系，以支持财务数据细粒度分析、分析场景扩展及数据分享，在提高效率的同时，通过让各事业部及时获取财务数据而提升经营意识。在这个基础上，财务指标与业务指标可进行拆解联动，业务的动作结果可反馈为经营贡献，经营贡献的问题可追溯业务动作原因，从而协助提高经营管理效率。

本项目实施后提高了财务人员的做账效率，节约了入账时间，让财务人员从大量的日常计算、手工凭证编制、期末忙编报表的繁杂工作中解脱出来，解决了报账较晚、财务各类报表延迟的问题。同时，提高工作流程审批速度，规范了财务核算，先业务后财务，财务数据来源于业务数据，保证了数据的真实性、准确性，财务一旦记账将无法随意更改，增强了财务工作的严谨性。

16.3.2 案例亮点总结

亮点1：问题数据自动预警

有问题的数据超过预设的预警值就会把字体标红，这种预警提醒可以快速显示出需要重点关注的问题数据，这些都是通过 Quick BI 的样式设置去实现的。

亮点2：查询控件显示常用筛选值

对于经常搜索的查询报表，可以在页面直接显示筛选选项，方便用户快速查询，提高用户使用体验。

亮点 3：业务数据自动更新

电子表格通过数据集接入的方式，自动取业务系统中经过 ETL 处理的数据，数据链路完整可视，减少了财务人员手工整理的工作量。

16.3.3　案例思考及未来展望

在业务层面，A 企业于 2023 年 1 月启动了最大的一次组织变革，旨在从垂直化向平台化方向发展。此次变革涉及业务、组织和技术等多个方面，是 A 企业数字化转型的重要一步。整体而言，A 企业的业财一体化项目第一期很成功，有效实现了与数字化转型的协同，完成了财务与业务协同管理的数据分析与分享。可以说，A 企业借助本项目实现了数据层面的整体升级，有了数据基础和可承载扩展需求的平台。同时，围绕企业级财务目标建设了一套财务模型，为业务拓展提供了数据支撑。

A 企业的数字化转型依然存在新的挑战和困难：其一，SAP 变更所带来的财务流程与数据基础变化尚未停止，业财一体化分析必须具备可扩展的技术能力与灵活框架；其二，线下与线上的 IT 融合需要重新整合和变更业务数据。同时，A 企业希望开始数据治理工作，以盘活数据资产，扩大数据应用范围，掘取更多的数据价值。其中的数据标准化工作将为业财一体化项目带来更加光明的前景，通过实时监控与及时调整，统一指标口径与管理方法，实现数据的共享和整合。

16.4　练习

实践数据准备工作，用本书附带的数据集搭建"经营大盘"和"门店分析"。

- 设置 3 个以上查询控件并实现级联查询。
- 自动将超过阈值的数据标记为特定颜色，实现预警提醒。

第 17 章　场景设计——基于 Quick BI 数据集&可视化构建业财分析模型

引言

本章的场景案例介绍如何基于 Quick BI 构建业财分析模型，实现汽车配饰制造行业的财务指标与业务指标的融合分析，以此展现如何基于 Quick BI 实现业财一体化分析，以及如何通过业财分析寻找企业业务的增长点。通过提供有力的工具及分析思路，切实满足业务数据分析需求，助力企业持续提效，实现规模化增长。

17.1　案例介绍

17.1.1　案例背景

B 企业是一家专业设计、生产、销售汽车零部件的上市集团公司，在国内及海外多地设立了生产工厂、模具工厂、技术中心等几十家分支机构，企业现有员工近万人，年度营业额超过百亿人民币。随着规模的不断扩大，企业间的交易链路错综复杂，企业想要算清利润越来越难，产生了大量的数据统计、数据汇总及数据分析的工作。

17.1.2　业务痛点及核心需求

营收、成本是企业财务分析中的两大重点，本企业在运营过程中针对如何看清营收增长、如何感知成本变动提出了数据分析的需求。

核心需求一：看清营收增长

营业收入增长是反映集团经营发展状况的核心财务指标之一，营业收入不像盈利那样容易受会计记账方法的影响，还能比盈利更进一步地反映公司的盈利状况和变化趋势，因此在预测未来短期收益方面，营业收入增长率有着不可替代的作用。但目前企业缺少体系化的分析工具，难以持续、快速地给出营收增长的分析结果，难以支撑重要决策。

核心需求二：感知成本变动

成本分析是企业财务经营分析中的一大重点。通过成本分析，可以正确认识、掌握和运用成本变动的规律，实现降低成本的目标。成本分析有助于进行成本控制，正确评价成本计划完成情况，还可为制订成本计划、经营决策提供重要依据，指明成本管理工作的努力方向。但实际中，成本构成复杂，缺少成本分析模型，难以及时感知成本变动的原因。

17.1.3　基于 Quick BI 的解决方案

1. 目标用户

公司高层管理人员、集团财务人员、集团业务人员、IT 部门人员、集团一线业务人员、工厂等产业链上的一线业务人员。

2. 解决方案

基于"一看、二断、三执行"的分析思路，体系化构建企业的营收、成本分析模型，包括营收增长分析、成本变动分析。

（1）营收增长分析：通过销量、价格等核心指标构建营收增长分析体系，通过追踪价格变化与产品销量等数据表现，分析企业的营收增长情况。

（2）成本变动分析：通过产品成本、工装成本、项目成本等成本要素，构建成本变动分析体系，通过料、工、费等成本各组成部分的变化，分析企业的成本变动情况。

17.2 案例场景

为打通企业营收、成本、利润的关联看数、用数问题，Quick BI 提供了一站式的业财分析数据门户，包括以下 BI 看板。

（1）营收增长分析。

（2）成本变动分析。

17.2.1 营收增长分析

1. 设计思路：营收增长

营收增长分析的核心在于从提出问题到解决问题形成一个可执行、可量化的闭环。具体来看，首先需要确定标准，以此实现问题的"暴露"，继而实现对营收是否增长的"判断"；然后实现"诊断"，即基于暴露问题的不断细化、层层深挖，直到找出问题根源，诊断到营销经营活动上"最终可执行的改善点"为止；最后实现"执行"，即根据实际诊断获得的可执行的改善点进行行动，并在执行中确定可衡量的行动效果指标，以便循环往复修正行动方案来解决问题，如图 17-2-1 所示。

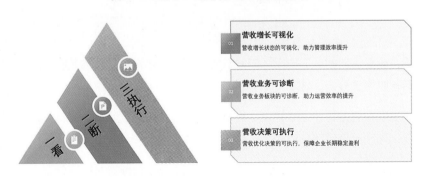

图 17-2-1 "一看、二断、三执行"分析模型

2. 总体设计：营收增长

营收增长分析的相关指标将以营业额为主，结合业务定标进行算法建模，逐步推进后续设计。尽管汽车零部件企业具有较强的行业特性，但针对营收增长这一主题，

本案例场景具备通用性：为厘清"价格"与"销量"的绝对数量、相对关系、变化趋势及多项影响因素，图 17-2-2 概览了方案设计要点。

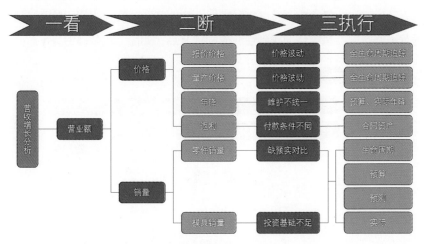

图 17-2-2　营收增长分析

3. 详细设计：营收增长"一看"方案

营收增长分析主要包括营业额、销量和价格 3 类指标。其中的核心指标"营业额增长率"是基于 3 类指标设计的综合计算结果，不同企业存在各自的判断标准，因此首先需要根据本企业的管理思路和工作习惯设计"一看"方案，如图 17-2-3 所示。

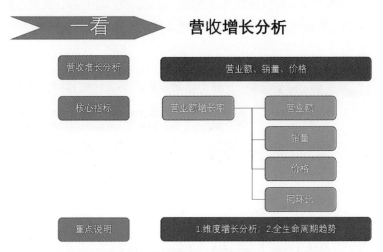

图 17-2-3　营收增长"一看"方案

4. 详细设计：营收增长"二断"方案

确定营收增长分析维度之后，就需要基于销量与价格进行诊断定位，并最终输出诊断原因及建议的业务策略。通过由财务指标到业务活动行为的层层关联，让决策人员的运营策略聚焦，有重点地找到企业盈利提升点，如图 17-2-4 所示。

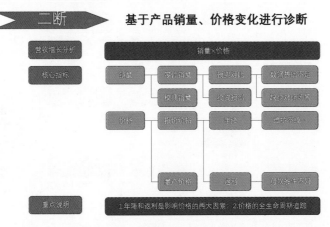

图 17-2-4 营收增长"二断"方案

5. 详细设计：营收增长"三执行"方案

基于前两步方案所设计的数据洞察步骤，通常能够明确可执行的业务策略，但执行是否按质、按量完成，以及最终是否达成了合理的营收增长率，需要有可量化的过程指标进行检验，在确保效果达成的同时，持续优化营收增长分析方案，如图 17-2-5 所示。

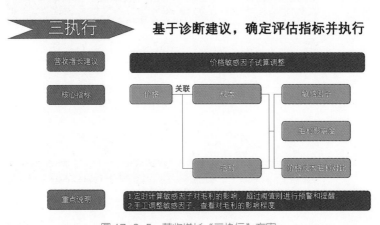

图 17-2-5 营收增长"三执行"方案

6. 落地实践：营收增长

在实际应用时，首先通过"总体概况"板块的设计，帮助用户直观感受营收增长情况；随后设计 3 个子板块"组织增长分析""产品增长分析"与"客户增长分析"，落实更翔实的指标体系与数据结果，如图 17-2-6 所示。

图 17-2-6　营收增长总体概况

（1）设计营收对比分析之"总体概况"。

总体概况是对营收增长状况的全局预览，本案例设置了营业额、销量、价格核心指标的总体情况及月趋势，既可以一览公司全局（ALL），还可以根据业务单元（BU）查阅营收增长情况，如图 17-2-7 所示。

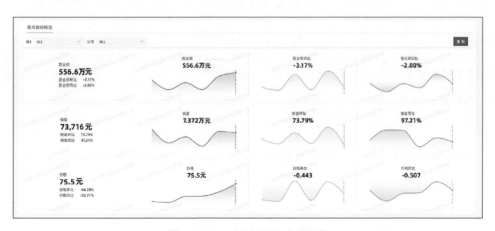

图 17-2-7　"总体概况"指标概览

（2）设计营收对比之"组织增长分析"。

组织增长分析以组织为视角，针对营业额、销量、价格等核心指标的同环比增长情况进行排序，设计查看范围时，沿用"业务单元（BU）"与"全公司（ALL）"两大类视角，如图 17-2-8 所示。

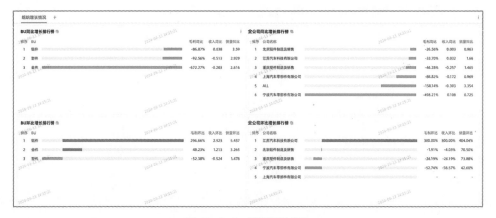

图 17-2-8　组织增长分析

（3）设计营收对比之"产品增长分析"。

产品增长分析以产品为视角，针对营业额、销量、价格等核心指标的同环比增长情况进行排序及明细展示。在设计查看范围时，应尽量符合企业的品类树层级，并根据企业的业务分析需求完成向上、向下级别的汇总或钻取。如图 17-2-9 所示，本案例出于演示设计思路的目的，只展示了产品类别与产品明细两个层级，在实际应用环境中，Quick BI 能支持更多层级的数据联动。

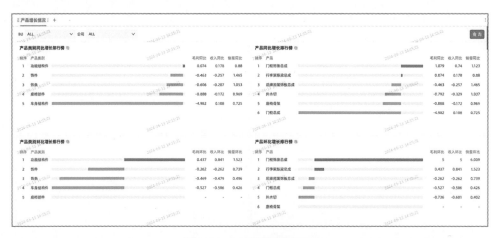

图 17-2-9　产品增长分析

（4）设计营收对比之"客户增长分析"。

客户增长分析以客户为视角，针对营业额、销量、价格等核心指标的同环比增长情况进行排序及明细展示。在设计看板时，主要按照客户区域、客户集团和客户明细进行展示，如图 17-2-10 所示。

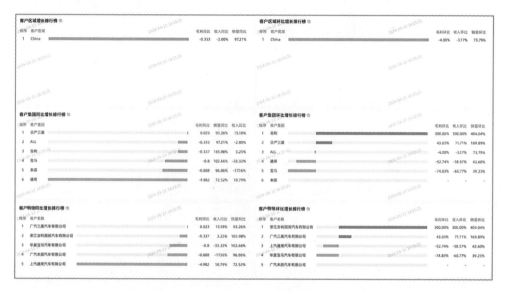

图 17-2-10　客户增长分析

17.2.2　成本变动分析

1. 设计思路：成本变动

成本变动分析是企业财务分析中的一大重点，科学且体系化的成本变动分析，有利于正确认识、掌握和运用成本变动的规律，实现降低成本的目标；有助于成本控制，正确评价成本计划完成情况；还可为制订成本计划、经营决策提供重要依据，指明成本管理工作的努力方向。总之，企业的持续发展，成本变动分析有着不可替代的作用，如图 17-2-11 所示。

2. 总体设计：成本变动

成本变动分析相关指标，基于"产品成本、工装成本、项目成本"，结合业务定标进行算法建模，并逐步推进后续设计。图 17-2-12 概览了方案设计要点。

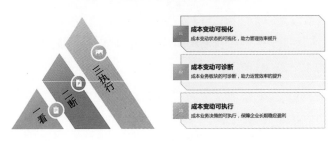

图 17-2-11 "一看、二断、三执行"分析模型

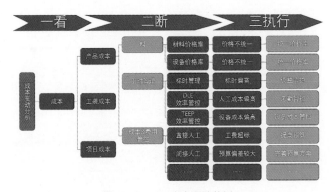

图 17-2-12 成本变动分析

3. 详细设计：成本变动"一看"方案

成本变动分析的核心指标由"料、工、费"3 个部分成本组成，主要关注各部分成本的细化构成及变动情况。本案例首先设计"一看"方案，如图 17-2-13 所示。

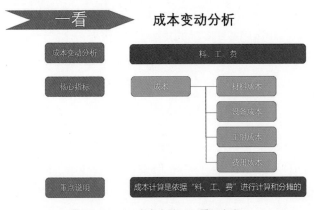

图 17-2-13 成本变动"一看"方案

4. 详细设计：成本变动"二断"方案

确定成本变动分析的 3 项核心内容之后，就需要基于各成本构成的变动情况进行诊断定位，并最终输出诊断原因及建议的业务策略。通过由财务指标到业务活动行为的层层关联，帮助决策人员聚焦运营策略，有重点地降低成本与增加盈利，如图 17-2-14 所示。

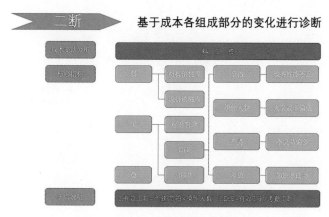

图 17-2-14　成本变动"二断"方案

5. 详细设计：成本变动"三执行"方案

基于前两步方案所设计的数据洞察步骤，通常能够明确可执行的业务策略，但执行是否按质、按量完成，以及最终成本变动趋势是否合理，则需要有可量化的过程指标进行检验，在确保效果达成的同时，持续优化成本变动的分析方案，如图 17-2-5 所示。

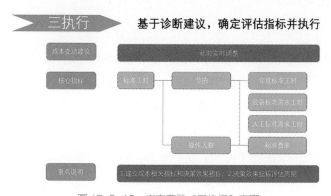

图 17-2-15　成本变动"三执行"方案

6. 落地实践：成本变动

在实际应用时，首先通过成本变动分析"一页式视图"的设计展现核心指标，帮助用户直观感受成本变动情况；随后通过设计 3 个子板块"材料成本变动""制造费用变动"和"成本变动明细"落实更详细的指标体系与数据结果，如图 17-2-6 所示。

图 17-2-16　成本变动分析

（1）设计成本变动分析之"一页式视图"。

设计成本变动分析一页式视图，是对成本变化的全局预览，这里设置了单位成本、材料成本、直接人工、制造费用的总体情况及月趋势，可以全局根据业务单元（BU）、客户区域、客户集团、客户名称、项目编号、零件类别、零件名称、零件编号进行筛选，对成本变动总体情况进行查阅，如图 17-2-17 所示。

（2）设计成本变动分析之"材料成本变动"。

材料成本变动的分析思路为根据材料成本的构成进行占比分析且对比各类材料成本组成的月趋势分析，例如通过饼图直观查看"包材成本""化工成本""配件成本"和"金属成本"四大类成本项的占比；设计折线图展现"材料成本金属""材料成本包材"等的月度变动趋势，如图 17-2-18 所示。

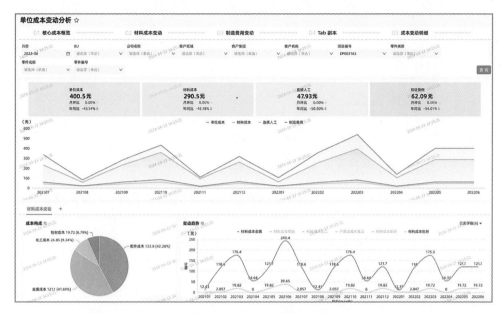

图 17-2-17　一页式视图

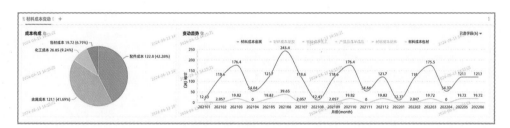

图 17-2-18　材料成本变动分析

（3）设计成本变动分析之"制造费用变动"。

制造费用变动的分析思路为根据制造费用的构成进行占比分析及各组成的月趋势分析，组成包括直接人工、间接人工、物料、能源等。每家企业在构建自己的业财分析模型时，统计图表的选择必须与本企业实际情况一致，例如，本案例所涉及的制造费用组成项只有 5 个，因此采用饼图与折线图展现，如图 17-2-19 所示。假设为建筑企业设计"制造费用变动分析"，考虑到建筑企业的制造费用组成项较多，则需要采用其他类型的图表。

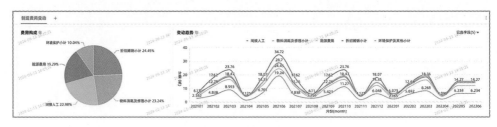

图 17-2-19　制造费用变动分析

（4）设计成本变动分析之"成本变动明细"。

成本变动明细的分析，即根据成本的明细构成进行明细表展示，方便后续决策人员进行手工分析，由于成本变动明细项有很多，例如材料成本、直接人工、制造费用等十余项，因此设计为表格展示，表格中可进一步应用单元格底色进行重点变动预警，如图 17-2-20 所示。

度量	202206	202205	202204	202203	202202	202201	202112	202111	202110	202109	202108	202107	202106	202105	202104	202103	202102	202101
单位成本	400.5	400.5	138.6	539.1	356.1	105.4	319.4	110.1	433.1	281.8	82.2	336.2	704.4	379.2	127.5	508.9	336.2	102.4
材料成本	290.5	290.5	100.4	395.1	256.9	63.37	265	94.53	359.5	233.4	58.83	233.4	529.9	265	94.53	359.5	233.4	58.83
材料成本金属	121.1	121.1	54.37	175.5	118	12.37	121.7	54.64	176.4	118.6	12.43	118.6	243.4	121.7	54.64	176.4	118.6	12.43
材料成本塑胶	0	0	0	0	0	0	0	0	0	0	0	0	0	0	0	0	0	0
材料成本化工	26.85	26.85	10.53	37.38	24.66	4.828	26.85	10.53	37.38	24.66	4.828	24.66	53.71	26.85	10.53	37.38	24.66	4.828
产成品或半成品	0	0	0	0	0	0	0	0	0	0	0	0	0	0	0	0	0	0
材料成本配件	122.8	122.8	39.69	162.5	112.2	43.44	123.4	39.89	163.3	112.7	43.66	112.7	246.9	123.4	39.89	163.3	112.7	43.66
材料成本包材	19.72	19.72	0	19.82	2.729	2.729	19.82	0	19.82	2.057	2.742	2.057	39.65	19.82	0	19.82	2.057	2.742
直接人工	47.93	47.93	13.76	61.69	42.62	20.4	48.41	13.9	62.31	43.05	20.61	43.05	96.82	48.41	13.9	62.31	43.05	20.61
制造费用	62.09	62.09	20.21	82.31	56.61	21.66	65.8	19.07	87.06	59.8	22.92	59.8	135	65.8	19.07	87.06	59.8	22.92
间接人工	14.27	14.27	4.096	18.36	12.68	6.073	14.35	4.121	18.47	12.76	6.11	12.76	28.7	14.35	4.121	18.47	12.76	6.11
物料消耗及修理小计	14.43	14.43	4.851	19.28	13.24	4.726	14.46	4.861	19.32	13.27	4.736	13.27	28.91	14.46	4.861	19.32	13.27	4.736

图 17-2-20　成本变动明细

17.3　案例总结

17.3.1　项目实施后的效果

通过搭建集团统一的数据中台，数据构建的效率得到了显著提升。这使得单体工厂在进行月结分析时，所需时间从原先的 72 小时大幅缩短至仅需 18 小时，效率提高了整整 4 倍。类似数据分析服务的提效，不仅节省了大量人力成本，同时也为企业的高效运营提供了有力保障，助力企业实现数字化转型。

17.3.2　案例亮点总结

亮点 1：提高决策效率

通过对企业的销售数据、客户数据进行深入挖掘，可以为企业提供有效的营收增长指导。业财一体化数据分析能够帮助企业发现潜在的增长点，找到主要的营收来源，预测未来的营收趋势，从而为企业制定合适的营销策略提供支持。

为企业提供更加全面、准确的数据支持，使企业的决策更加科学、高效。通过对数据的分析，企业能够迅速发现问题，有效应对市场变化，为企业制定战略提供有力保障。

亮点 2：优化资源配置

业财一体化数据分析帮助企业掌握各类成本的变动规律，找出成本的优化空间。对成本数据进行深入分析，可以发现可能存在的成本浪费，提高企业运营效率，降低成本。通过对原材料、人工、运输等方面的成本进行分析，可以使企业在降低成本的同时，保证产品质量。

通过对企业的各项成本数据进行分析，企业可以找到资源利用的短板，更好地调整资源配置，提高资源利用效率。

17.3.3　案例思考及未来展望

Quick BI 作为一款强大的商业智能分析工具，已在业财分析领域取得了一系列成功案例。在未来企业的发展中，Quick BI 有着广阔的应用前景和发展空间。

1. 案例思考

（1）提供全面的数据支持：Quick BI 整合企业各部门的数据资产，形成统一的数据分析服务阵地，为业财分析提供全面、准确的数据支持。

（2）加强决策支持：通过可视化的报表和图表，Quick BI 能帮助企业领导更直观地了解业务和财务状况，为决策提供依据。

（3）提高分析效率：Quick BI 能实现数据高效分析，大大减少了分析时间，提高了工作效率。

（4）创新业财分析方法：基于 Quick BI 的多维度分析等功能，为企业提供全新的业财分析方法，深入挖掘数据的潜在价值。

2. 未来展望

（1）提升分析能力：Quick BI 会持续优化分析算法，提高数据分析能力，满足企业对大数据分析的需求。

（2）提升用户体验：Quick BI 在未来的发展中，会进一步提升用户体验，如提供更多个性化报表模板、优化操作界面等，以满足不同用户的需求。

（3）沉淀行业应用：Quick BI 可以针对不同行业的特点和需求，沉淀相应行业的分析模型和方法，实现更广泛的行业应用。

（4）前沿技术结合：在未来，Quick BI 会更深入地与人工智能、大数据技术结合，实现智能预测、智能推荐等功能，为业财分析提供更高层次的支持。

17.4　练习

某企业希望通过 Quick BI 分析各部门的收入、成本和利润，并挖掘出导致利润下降的原因，定制改善的业务措施，从而为优化部门管理和资源分配提供支持。请完成以下分析任务。

- 使用 Quick BI 整合各部门的财务、业务数据。
- 创建可视化报表，展示各部门的收入、成本和利润情况，以及与去年同期相比的利润情况。
- 分析利润下降的原因，比如料、工、费 3 种成本中原材料成本升高导致利润下降，进一步分析是哪个地区的原材料价格上涨导致的，还是哪个车间原材料量的消耗增大导致的。
- 最终制定优化方案，例如优化采购环节或者更换某条产品线的设备等，执行后关注利润是否有所增长。